U0157678

小小程序员系列丛书

Scratch 3.0
趣味编程精彩实例

少儿编程改变未来　　码高少儿编程 编著

机械工业出版社
CHINA MACHINE PRESS

　　本书从软件的认识、熟悉、使用，到了解编程积木，再到自主独立编写游戏，为读者规划了完整的学习路线，从而达到熟练掌握 Scratch 编程软件的目的。全书共 19 章，第 1 章为软件入门，介绍如何下载安装软件，并初步介绍 Scratch；第 2 章通过"自我介绍"案例，对 Scratch 编程软件所使用的角色定位、角色运行进行学习，为后续实例类章节的学习打下扎实的基础；第 3~19 章以编写游戏实例作为主要内容，循序渐进，将艺术、数学和逻辑等多方面的知识与 Scratch 编程软件相结合，学习编程积木的使用方法，以及逻辑、变量和函数等重点、难点。

　　本书适合初学 Scratch 编程软件的青少年爱好者学习使用。

图书在版编目（CIP）数据

Scratch 3.0趣味编程精彩实例 / 码高少儿编程编著 —北京：
机械工业出版社，2020.3
　（小小程序员系列丛书）
　ISBN 978-7-111-65213-7

Ⅰ.①S… Ⅱ.①码… Ⅲ.①程序设计－少儿读物 Ⅳ.①TP311.1-49
中国版本图书馆CIP数据核字（2020）第051733号

机械工业出版社（北京市百万庄大街22号　邮政编码：100037）
策划编辑：杨　源　责任编辑：杨　源　丁　伦
责任校对：徐红语　责任印制：孙　炜
北京联兴盛业印刷股份有限公司印刷
2020年4月第1版第1次印刷
215mm × 225mm · 7.8印张 · 102千字
0001—2500册
标准书号：ISBN 978-7-111-65213-7
定价：59.80元

电话服务
客服电话：010-88361066
　　　　　010-88379833
　　　　　010-68326294
封底无防伪标均为盗版

网络服务
机 工 官 网：www.cmpbook.com
机 工 官 博：weibo.com/cmp1952
金 书 网：www.golden-book.com
机工教育服务网：www.cmpedu.com

前　言

　　计算机编程已成为当今科学文化的组成要素。在学习编程的过程中，人们也同时获得了解决问题、设计思想、交流意见的重要方法。

　　Scratch 编程软件特别为 8~16 岁青少年设计。该软件可以帮助年轻人提高创造力、逻辑力和协作力。 这些都是生活在 21 世纪的人们不可或缺的基本能力。码高机器人教育在自身课程的基础上编写此书，希望帮助广大青少年有方向地进行自主学习。本书第 2~19 章每章都完成一个有生活基础的小游戏，这样既不脱离实际，又调动了情绪。有熟悉的切入点更容易让青少年读者产生兴趣。游戏的形式可增加趣味性、互动性，分享出去也可以大大提高青少年读者的成就感，从而调动学习的积极性。

　　与此同时，本书特殊的地方在于：每个实例章节都有清晰的流程设计，每一块程序都有清晰的介绍和分析，在编写技巧上也有分享和解答，保证青少年读者学有所得，更可得到能力的提升。希望在我们的帮助下，能让大家有所收获，喜欢上编程，获得编程的能力，并享受自己的编程乐趣。

码高机器人教育

Scratch

目　录

前　言

第 1 章　软件入门 ·· 1

　　1.1　如何获取软件 ··· 1

　　1.2　初识 Scratch ··· 5

第 2 章　自我介绍 ·· 6

　　2.1　如何开始 ··· 9

　　2.2　角色定位 ·· 10

　　2.3　角色运动至台中 ··· 10

　　2.4　开始进行自我介绍 ····································· 11

　　2.5　角色运动至台下 ··· 13

　　2.6　结束 ·· 13

第 3 章　猫捉老鼠 ·· 14

　　3.1　游戏开始 ··· 16

　　3.2　动作 ·· 16

　　3.3　逻辑 ·· 18

　　3.4　动画效果 ··· 19

第 4 章　找坐标吃豆豆 ·· 21

　　4.1　豆豆 ·· 25

　　4.2　瓢虫 ···································· 25

第5章　猴子找香蕉 ···································· 26

　　5.1　香蕉 ···································· 29

　　5.2　猴子 ···································· 29

第6章　打气球 ···································· 34

　　6.1　开始＋初始化 ···································· 39

　　6.2　发射：控制方式 ···································· 40

　　6.3　气球被射中 ···································· 43

第7章　鲨鱼捕猎 ···································· 44

　　7.1　其他小鱼的显示 ···································· 46

　　7.2　鲨鱼及场景切换 ···································· 47

　　7.3　小鱼被吃判定 ···································· 50

第8章　小恐龙广播体操 ···································· 51

　　8.1　老师 ···································· 53

　　8.2　玩家 ···································· 55

　　8.3　倒影 ···································· 56

第9章　射击 ···································· 58

　　9.1　恐龙 ···································· 61

　　9.2　气球 ···································· 62

　　9.3　火球 ···································· 65

第10章　郊游 ···································· 67

　　10.1　主角色人物 ···································· 70

10.2　天空中的云 ┄┄┄┄┄┄┄┄┄┄┄┄┄┄ 72

10.3　地面景观 ┄┄┄┄┄┄┄┄┄┄┄┄┄┄┄ 73

第11章　电子钢琴 ┄┄┄┄┄┄┄┄┄┄┄┄ 74

11.1　钢琴 ┄┄┄┄┄┄┄┄┄┄┄┄┄┄┄┄┄ 77

11.2　音符 ┄┄┄┄┄┄┄┄┄┄┄┄┄┄┄┄┄ 79

第12章　跳舞的线 ┄┄┄┄┄┄┄┄┄┄┄┄ 81

12.1　开始设计 ┄┄┄┄┄┄┄┄┄┄┄┄┄┄┄ 84

12.2　确定移动速度并开始游戏 ┄┄┄┄┄┄ 85

12.3　游戏控制 ┄┄┄┄┄┄┄┄┄┄┄┄┄┄┄ 86

12.4　游戏判定 ┄┄┄┄┄┄┄┄┄┄┄┄┄┄┄ 87

12.5　游戏结果 ┄┄┄┄┄┄┄┄┄┄┄┄┄┄┄ 87

第13章　赛车 ┄┄┄┄┄┄┄┄┄┄┄┄┄┄┄ 89

13.1　各角色位置、状态初始化 ┄┄┄┄┄┄ 92

13.2　游戏开始 ┄┄┄┄┄┄┄┄┄┄┄┄┄┄┄ 93

13.3　结果输出 ┄┄┄┄┄┄┄┄┄┄┄┄┄┄┄ 94

13.4　拓展 ┄┄┄┄┄┄┄┄┄┄┄┄┄┄┄┄┄ 95

第14章　飞行训练 ┄┄┄┄┄┄┄┄┄┄┄┄ 96

14.1　角色位置初始化 ┄┄┄┄┄┄┄┄┄┄┄ 99

14.2　主角色鹦鹉外观 ┄┄┄┄┄┄┄┄┄┄┄ 99

14.3　主角色鹦鹉运动 ┄┄┄┄┄┄┄┄┄┄ 100

14.4　障碍物运动 ┄┄┄┄┄┄┄┄┄┄┄┄┄ 101

14.5　游戏判定 ┄┄┄┄┄┄┄┄┄┄┄┄┄┄ 101

Scratch

第 15 章 逃离包围圈 ·················102

15.1 开始 + 各角色初始化 ·········106

15.2 游戏启动 ·······················107

15.3 游戏运行 ·······················107

第 16 章 飞船大战 ·················110

16.1 我方飞船 ·······················114

16.2 炮弹 ···························116

16.3 敌方导弹 ·······················118

第 17 章 食物危机 ·················120

17.1 游戏内容初始化 ···············126

17.2 游戏运行及操控 ···············127

17.3 游戏结果 ·······················130

第 18 章 鸡兔同笼 ·················132

18.1 场景布置 ·······················135

18.2 程序运行 ·······················136

18.3 游戏结束 ·······················138

第 19 章 传送球 ···················139

19.1 游戏开始界面 ···············142

19.2 游戏运行过程中 ···············144

19.3 游戏结束 ·······················146

第1章 软件入门

1.1 如何获取软件

① 打开浏览器，输入网址"Scratch.mit.edu"，按 Enter 键进入 Scratch 官网。

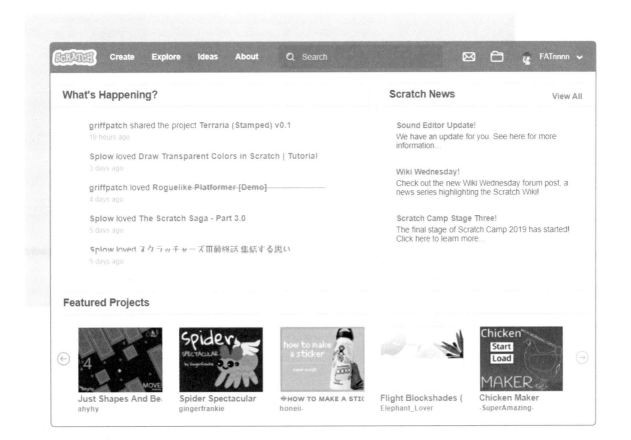

Scratch

② 打开官网之后，将页面拖至最底端，切换语言。

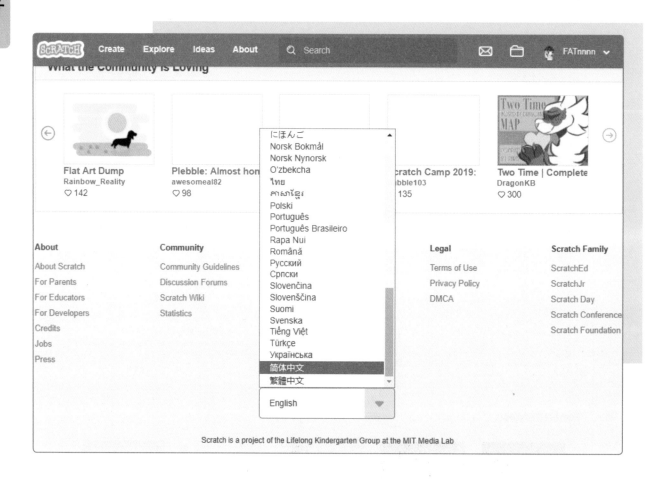

③ 切换成功，点击"离线编辑器"进入软件下载页面。根据自己所选平台下载对应的安装包。

④ 下载完成后安装运行即可。

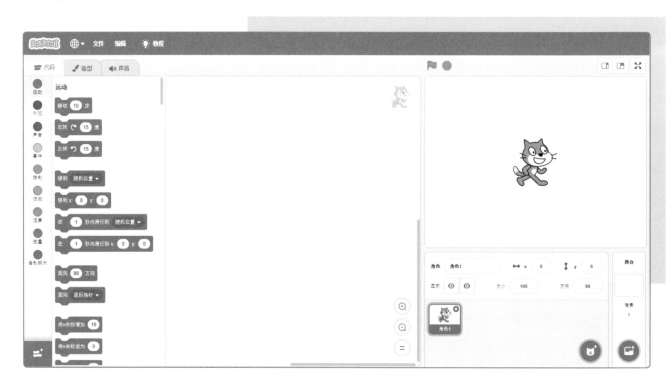

1.2　初识 Scratch

编程界面了解:

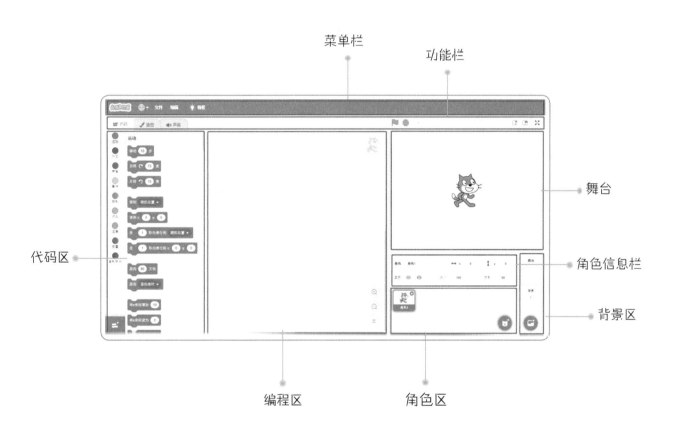

菜单栏

功能栏

舞台

角色信息栏

背景区

代码区

编程区

角色区

第2章 自我介绍

学习目标

积木:

事件——当绿旗被点击

运动——移到 (x,y)

运动——在几秒内滑行到 (x,y)

外观——说（内容）几秒

声音——播放声音

任务：通过所学积木制作一个自我介绍的动画名片

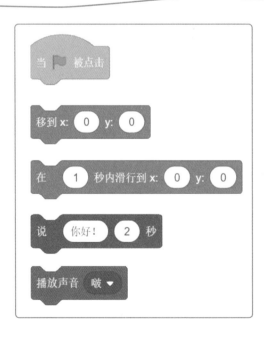

各位同学，很多叔叔阿姨在工作中都拥有自己的名片，我们来到新的环境时，也需要去自我介绍。现在就来熟悉一下 Scratch 的编程环境，然后设计属于自己的动画名片吧！

首先，我们来设想一下自己走上讲台自我介绍的场景。我们需要一个角色——自己，以及三个位置——上台前、讲台上、下台后。

我们需要添加背景、角色，然后让动画运行起来。需要使用到如下：

事件

运动

外观

声音

根据我们构想的场景来设定一下程序流程吧！

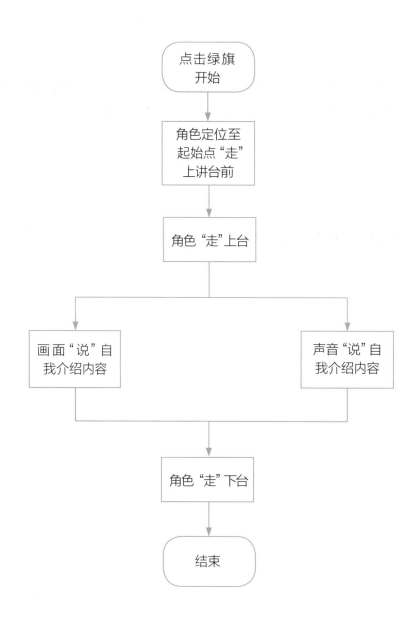

下面开始准备素材，插入喜欢的背景：　　　　　添加代表自己的角色：

素材都准备好了，开始按照设计好的流程编写程序吧！

2.1　如何开始

使用"事件"中的第一个积木作为自我介绍的开始，让 可以像视频的播放键一样使用。

2.2 角色定位

Scratch 的舞台是有范围的，并且由一组一组的数字表示舞台上的位置，x 表示角色在舞台上横向的位置，y 表示角色在舞台上纵向的位置。在程序停止状态下，可以直接拖动角色改变位置，然后从左侧脚本区拿取对应的定位积木"移到 x，y"。

积木"移到 x 坐标 y 坐标"就像游戏中的传送技能一样，可以通过指令到达舞台内任一位置，但它更厉害的是，只要给出位置就可以立刻定位过去。

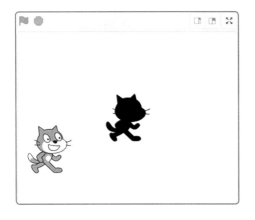

尝试一下，把角色拖动到舞台上任意位置，然后点击程序积木，看看能不能回到我们想去的位置。

2.3 角色运动至台中

"在几秒内滑行到 x,y"滑行积木可以让角色运动起来，从前一位置匀速平移到新给出的位置。同样，让我们拖动角色，然后拿到想要的滑行积木。

点击程序积木，试验一下效果吧！

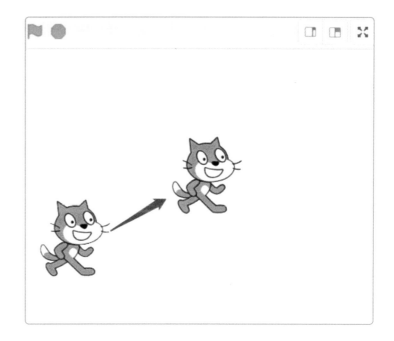

2.4 开始进行自我介绍

使用外观中的"说（内容）几秒"来通过对话气泡展示想表达的内容。

Scratch

进入声音选项卡，录制自己的声音和内容。

使用"播放声音"积木开始播放声音可以直接运行接下来的程序，通过"说（内容）几秒"来打出所说内容的字幕，填写时间配合显示。

那么现在就动起手来，让自己的角色学会"说（文字）"和"说（声音）"吧！

2.5 角色运动至台下

在 1 秒内滑行到 x: 170 y: -66

2.6 结束

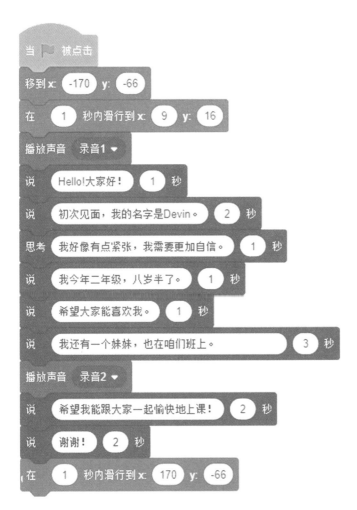

当 ▶ 被点击

移到 x: -170 y: -66

在 1 秒内滑行到 x: 9 y: 16

播放声音 录音1 ▾

说 Hello!大家好！ 1 秒

说 初次见面，我的名字是Devin。 2 秒

思考 我好像有点紧张，我需要更加自信。 1 秒

说 我今年二年级，八岁半了。 1 秒

说 希望大家能喜欢我。 1 秒

说 我还有一个妹妹，也在咱们班上。 3 秒

播放声音 录音2 ▾

说 希望我能跟大家一起愉快地上课！ 2 秒

说 谢谢！ 2 秒

在 1 秒内滑行到 x: 170 y: -66

　　把所有的积木拼接起来，编程和拼乐高有些像，就是需要把所有的位置都拼接好，才能看到最终的效果。

Scratch

第3章  猫捉老鼠

学习目标

积木:

运动——移动几步　　外观——下一个造型

运动——移到位置　　控制——等待几秒

运动——面向方向　　控制——重复执行

任务: 设计完成两个角色之间的控制和追逐《猫捉老鼠》。

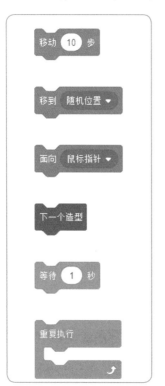

上一章中,我们学会了控制角色动起来并表达自己,从而制作了动画名片。这次让我们来尝试一下控制更多的角色,利用猫和老鼠两个角色设计一个互动追逐的小游戏。

首先来设计一下场景: 谁在某处做什么。猫在庭院里捉老鼠。

那么我们需要一个背景,两个角色,持续运动起来。

需要使用到事件、运动、控制。为了达到一定的动画效果,让我们的角色"动起来"而不是像上一章那样单纯地平移,还需要使用到外观积木。

　　这次出现了两个角色，Scratch 中每个角色都拥有自己的编程区域，相互关联但独立运作，所以让我们把两个角色分开讨论：

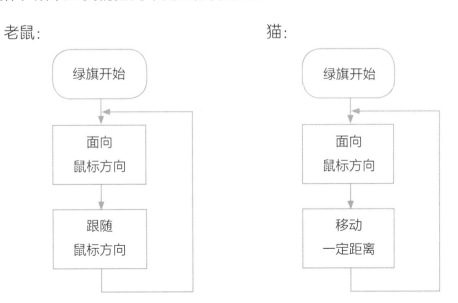

Scratch

Mouse 1

Cat 2

下面就让我们开始编写程序吧!

3.1　游戏开始

3.2　动作

面向方向:

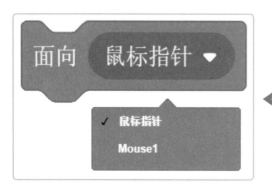

面向某个对象的方向时,我们使用带有向下箭头下拉菜单的"面向"积木,老鼠可以通过这个积木"面向鼠标指针",猫也可以通过这个积木"面向老鼠"。

位移：

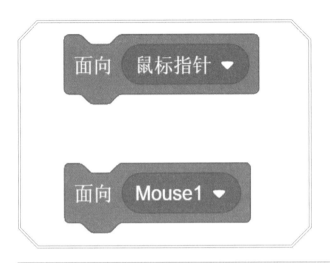

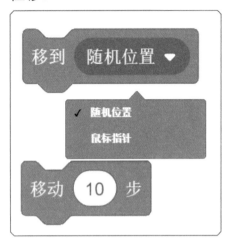

　　移到积木除了上一章学习过的"移到（x,y）"，还有跟面向积木类似的有下拉菜单的面向积木，从菜单中我们能够找到"面向鼠标指针""面向其他角色"。

　　"移动几步"积木可以让角色在舞台上移动固定的距离，就像一只精准的小兔子，每一步都跳同样的距离。同样数值的单位跟我们学习的"移到（x,y）"单位是相同的，一只代表很短的一段距离。

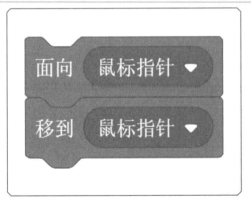

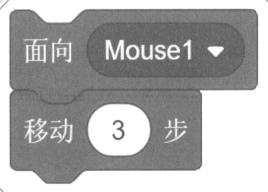

　　同时使用两种运动积木，控制两个角色完成所需的运动效果。老鼠有方向地跟随鼠标，猫向着老鼠追过去。

　　现在让我们与"当绿旗被点击"积木连接，试验一下效果吧！

3.3 逻辑

实验后我们发现老鼠会迅速移动到绿旗附近不再动弹，而猫在不断点击下会逐渐向老鼠靠近。这并不是我们想要的，那怎么才能达到目的呢？

编程是简单而直白的，我们只有一次运动命令的时候，程序运行一次就结束了，如果想让程序一直运行，重复完成一件事情，就需要更多的积木脚本，比如"重复执行"。

"重复执行"像一个夹子，把需要它记住的内容都牢牢夹在里面，持续运行没有错漏。

补足程序后，运行一下看看效果，老鼠有没有在自己的控制之下躲猫猫呢？

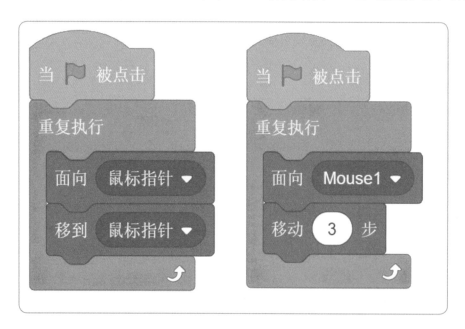

3.4　动画效果

　　还有最后一点不完美，我们的猫和老鼠都是一动不动平移运动的，如何让它们像真的动画片一样生动呢？这里就要说到一个概念，当连续的图片按照一定的速度切换，就能在人眼中形成连贯运动的效果了，所以我们要做的就是让小猫和老鼠的"造型"按照一定的速度切换。

　　目前猫只有一个造型，点击鼠标右键使用复制命令把它复制一下，然后利用工具全部选中，再利用上下翻转工具 将矢量素材翻转，就得到了一个尾巴摆向另一侧的小猫素材。

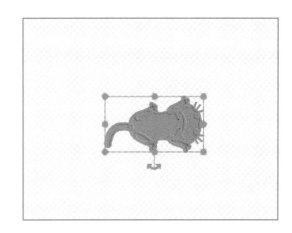

两个角色都有了摆尾造型之后，开始编程。

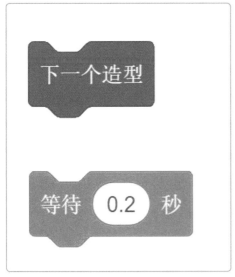

　　外观中的"下一个造型"可以让角色在自己的多个造型之间按顺序向后切换一次，为了让切换连贯起来，还需要使用到"重复执行"。

Scratch

运行效果会让我们发现切换速度是必要的，否则在计算机高速运行的情况下，肉眼是无法分辨出造型切换的。这里需要引入控制中的另一个积木"等待几秒"，通过等待来补足时间间隔，调整出自己认为最合适的切换频率。

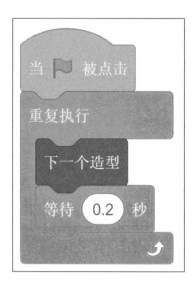

全都完成了，尝试邀请别人体验一下自己做的动画游戏吧！

第 4 章　找坐标吃豆豆

学习目标

积木:

运动——面向指定度数方向

任务: 通过这次课认识并掌握 Scratch 角色的朝向、舞台的平面直角坐标系，并灵活使用。

面向 90 方向

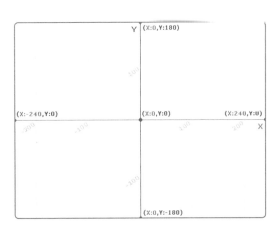

● 有一只彩色的小瓢虫在棋盘上顺着线爬啊爬，总是吃不到随机出现在棋盘上的豆子。

今天我们要利用所学习的"坐标"帮助瓢虫朝着豆子爬过去，从而吃到无法确定在哪儿出现的豆子。

首先我们构思一下场景，需要一个背景，两个角色。

棋盘一样的背景可以从素材库中找到Xy-grid-20px，每个小正方形格子边长为 20 个坐标值的方格背景。

豆子（ball）和小瓢虫（beetle）。

● 在开始写程序之前，需要协调一下画面比例，在右下角的角色信息栏内有大小参数，将 ball 大小调整至 30，将 beetle 大小调整至 50，观察画面比例。除了大小我们还能看到一项叫作方向的参数，也是比较重要的参数。

方向：

上一章我们学习过如何让角色"面向鼠标指针"或者"面向其他角色"，舞台作为一个平面，方向只有角色造型中心的周围一圈，也就是 360°，有几个特殊的位置需要记住，上 0° 下 180° 左 -90° 右 90°，而右就是角色造型默认的正方向。

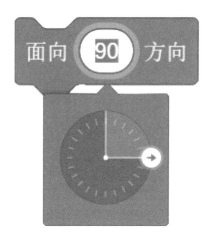

添加一个背景"xy-grid"，在它的帮助下了解学习舞台的坐标系。

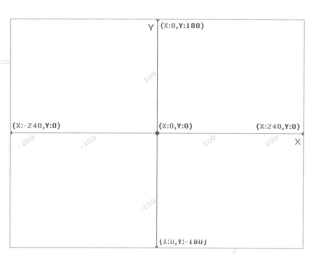

坐标：（x,y）

◉ ← 横向的位置表示为 x 坐标 →

　　数值范围是 -240~240，左为负右为正，越靠近边缘数值越大，x=-240 是舞台左边缘，x=240 是舞台右边缘，舞台中央平分左右两半的竖线为 x=0 是坐标系的纵轴。

◉ ↑ 纵向的位置表示为 y 坐标 ↓

　　数值范围是 -180~180，下为负上为正，同样越靠近边缘数值越大，y=-180 是舞台下边缘，y=180 是舞台上边缘，舞台中央平分上下两半的横线为 y=0 是坐标系的横轴。

　　（0,0）是舞台的正中央，每一组数值表示舞台上的一个精确点。

　　明白了坐标之后，我们来考虑一下程序逻辑。

豆豆：

瓢虫：

所需用到的积木如下：

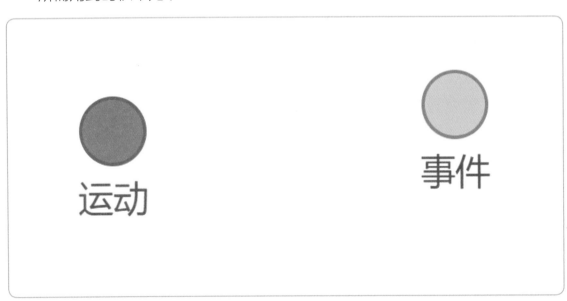

4.1 豆豆

开始 + 动作

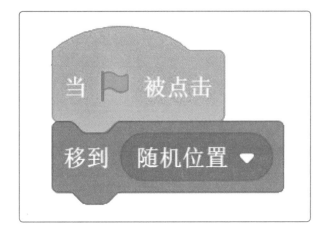

4.2 瓢虫

开始 + 归位

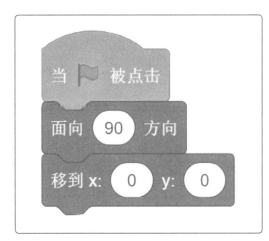

动作（朝向 + 移动）

通过修改瓢虫的朝向、修改滑行坐标参数，让瓢虫沿平行于横纵坐标轴的方向爬行，终点是豆子随机到的位置。

第5章 猴子找香蕉

学习目标

积木：

运动——旋转状态　　　　控制——如果那么

运动——碰到边缘就反弹　　侦测——碰到角色

任务：让角色在规律运动的过程中与其他角色发生交互。

单独让香蕉随机移位，或者让小猴子规律运动、说话，相信同学们都能自己完成，那么今天就让两者结合起来！让在森林里乱逛的小猴子找一找香蕉，在找到香蕉的时候欢呼！

第一步明确整个场景：一个背景，两个角色。
编程所需的积木大概如下：

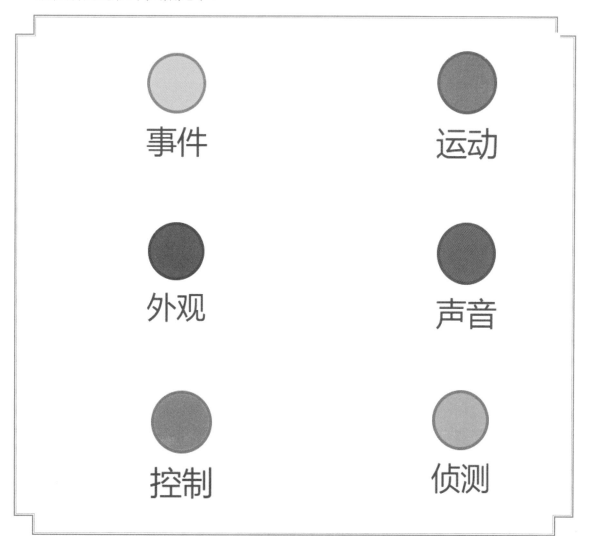

事件 运动

外观 声音

控制 侦测

根据构想，流程如下：

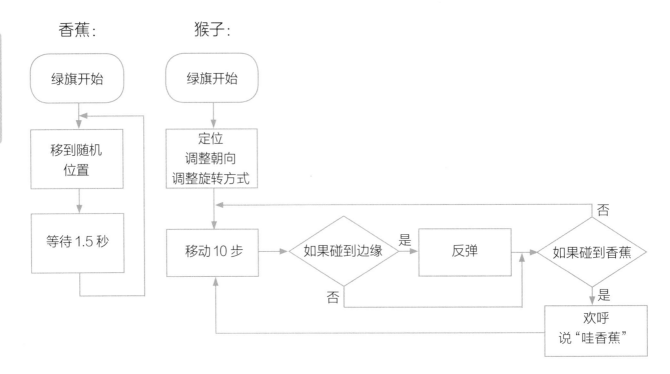

香蕉：

```
绿旗开始
  ↓
移到随机
位置
  ↓
等待 1.5 秒
```

猴子：

```
绿旗开始
  ↓
定位
调整朝向
调整旋转方式
  ↓
移动 10 步 → 如果碰到边缘 ─是→ 反弹 → 如果碰到香蕉 ─否→
              ↓否                                    ↓是
                                                欢呼
                                                说"哇香蕉"
```

养成良好的习惯，添加素材后再开始编程。

5.1 香蕉

开始：

运动：

间歇重新改变位置：

5.2 猴子

开始 + 位置初始化：

在绿旗被点击且程序开始后，让小猴子出现在屏幕上某一个位置。使用"移到（x,y）"给角色定位。

旋转状态 + 方向初始化：

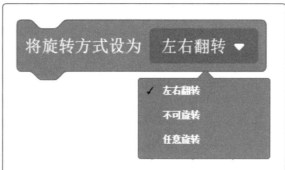

Scratch

旋转状态分为：

a. 左右翻转：角色在旋转过程中会以造型面向 90°或 −90°状态显示。

b. 不可旋转：角色在旋转过程中按照角色面向 90°的状态显示，不会发生变化。

c. 任意旋转：角色在旋转过程中根据当前面向的角度随时旋转造型状态显示。

　　旋转状态除了可以使用运动中的积木编程调整，也可以在角色信息栏中的方向内进行调整。

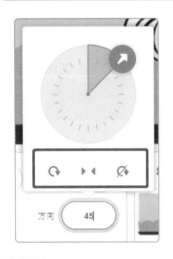

保持运动：

　　在移动 10 步的基础上加重复执行，可以让角色以 10 个坐标距离为单位持续运动。但是小猴子会朝着一个方向走，然后撞了南墙也不回头，这该怎么办呢？让我们来新学习一个积木，它的作用在积木上已经写得非常清楚了，就是"碰到边缘就反弹"。

现在让我们把积木拼接好，试着运行一下程序，检查自己的小猴子有没有按照要求在舞台上驰骋。

寻找香蕉：

　　有／没有碰到香蕉，这样的条件是六边形的积木，在侦测中可以找到。而想要使用起来就需要与控制中的"如果那么"配合。

　　"碰到鼠标指针"积木与我们见过的很多积木一样有一个向下的小三角，下拉菜单内有其他的角色可供选用。

　　"如果那么"积木上有一个小小的六边形空档，是供我们填入条件的。中间有与重复执行类似的小夹子，夹子中是填入"那么"的结果也就是我们想要的结果的位置。

Scratch

与我们平时进行假设是相同的，积木内容连接好也能够组成一句完整的话"如果碰到 bananas 那么……"

猴子如果碰到香蕉，那么欢呼，并说"哇香蕉"。之前我们学习过如何使用外观＋形成声音＋文字的完美表达效果。

猴子在什么时候去判断自己是否找到香蕉呢？动手把"如果那么"这个小夹子添加到小猴子的程序里，然后运行起来吧！

Scratch

第6章 打气球

学习目标

积木：

运动——滑行到角色

外观——切换成造型

外观——显示 / 隐藏

侦测——按下空格

运算——随机数

任务：制作一个能够控制发射的简易游戏，学习把握一个游戏设计过程中的动画效果、程序的严谨性。

制作一个模拟第一人称的飞镖游戏，视角从底部正中开始，有气球在上空较远处随机出现，玩家控制摇摇法杖射出闪电飞镖击破气球。

我们先确认好所需要的素材：一个背景和两个角色。

两个角色中，飞镖要能够射中气球，而气球被射破后要能够消失。

估计一下要用到的积木如下：

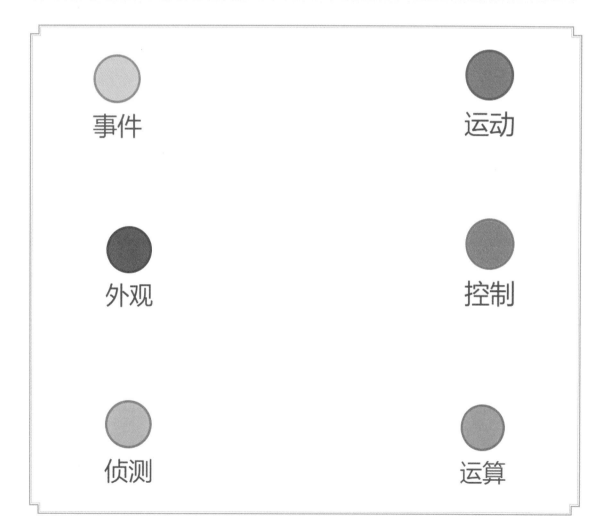

事件

运动

外观

控制

侦测

运算

先来详细地思考一下流程！

飞镖：

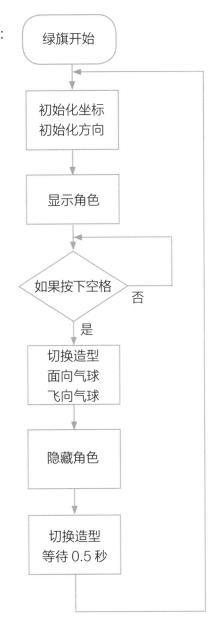

气球：

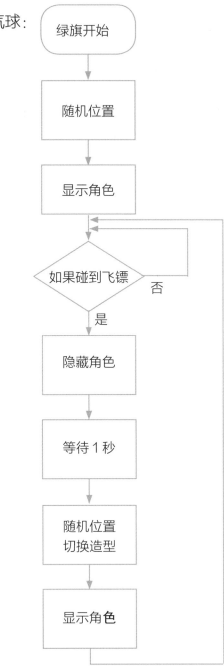

现在根据我们的需求来挑选一下素材吧！

在开始写程序之前，还需要处理一下素材，这里所选择的飞镖是素材库中的 lightning，首先需要添加角色 wand，然后点击造型选项卡。

进入造型编辑，插入造型 lightning，其次角色素材本身是这样的：，但我们了解过了，角色的正方向是右侧 90°，也就是说角色永远会以自己造型的右侧面向索要面向的方向，而飞镖飞行过程中需要尖端朝前，所以让我们处理一下素材吧。

第一步：确认是矢量图状态，使用鼠标拖动素材。

第二步：通过按钮工具旋转造型至尖端朝右。

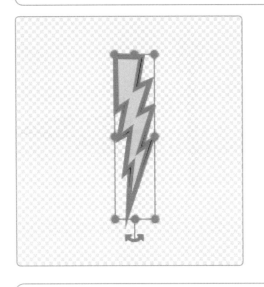

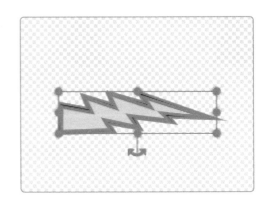

第三步：根据 wand 造型大小调整 lightning 大小至比例协调，并参考画布中央 ⊕ 造型中心定位点摆放。

素材全都处理完成，下面就开始编程吧！

6.1　开始·初始化

　　角色一旦添加，在舞台上就拥有了自己的位置，无论如何都不会消失，那么怎样才能让它消失呢？

　　在外观中有"显示／隐藏"两个积木可以控制角色要不要被看到，今天就利用它们来实现我们射气球的动画效果。

　　气球为了实现在随机出现，但又保持在上空的效果，我们就不能使用熟悉的"移到随机位置"而需要利用坐标去限制它的位置，在这里"随机数"就是很好的帮手了，在规定好的范围内去随机。

> 　　一个随机数积木内给出随机范围的最大、最小值：最小值≤最终的结果≤最大值，例如"在 1 和 10 之间去随机数"所得到的结果就是 1~10 这十个正整数中的一个。

气球：

> 　　如图可以让气球在 y=83 高度上，-200 到 200 之间随机显示。

> 　　我们学习过让造型顺序改变的"下一个造型"，在很多造型里如何让角色切换成指定的造型呢？"换成造型"就是我们精准的选择了。

飞镖角色：

　　如果采取摇摇法杖发射闪电的形式，就需要在角色初始化时，调整好法杖的位置（坐标）、方向（面向右）、造型（wand），然后让它显示出来，而坐标是下部中央，所以 x=0，y<0。

6.2　发射：控制方式

　　控制方式：键盘上的空格键被按下。

　　触发条件属于外界给予的信号，所以应该去侦测中找寻有效的变成积木。

　　我们学习过六边形的条件积木需要配合控制中的逻辑积木使用，所以这次我们的小夹子是：

如果按下空格键，那么法杖会变成闪电发射出去，射中气球后闪电消失，稍等片刻再恢复法杖状态显示在原位。

完成这段程序之后，让我们想一下，如何做到每次按下空格时都能够成功发射呢？

没错，就是利用重复执行来帮助我们，但是这次我们能看到如果后面的内容与初始化的内容大量重复，法杖状态不是只使用一次的，所以接下来动手简化一下程序吧！法杖状态是这个角色的默认状态，只有当玩家按下空格后，才会切换形态并发射出去。

相信大家都能够完成得很好，原理类似数学的约分，找到相同的部分并简化下来。

6.3　气球被射中

如果碰到 wand，那么被射破消失，等待片刻再在相同高度换个颜色并在随机位置出现。

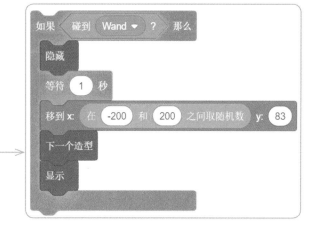

每次按下空格键都能发射闪电，气球也要每次被射破后还能再出现，熟悉的重复执行必不可少。

第 **7** 章 鲨鱼捕猎

学习目标

积木：

运动——坐标

外观——将大小设为（0~100）

侦测——舞台的背景编号

任务：复习前面内容的同时，了解同一情况下更多的不同解法，设计完成相对完整的情景动画，灵活运用时间轴等各种概念。

x 坐标

y 坐标

将大小设为 100

舞台 ▼ 的 背景编号 ▼

此次故事的主人公是一只目中无人的大鲨鱼，在漂亮的海洋世界中，它觉得自己是最厉害的，每天心情都很好，它肆意捕猎其他海洋生物，直到小动物们都被他吃光了。海洋不再美丽，它也变得孤独，郁郁寡欢地度过每一天。

设想一下场景，至少两个背景——灿烂的海和灰暗的海，若干角色——鲨鱼和其他被它捕食的鱼。

根据我们构想的场景来设计一下程序流程吧！

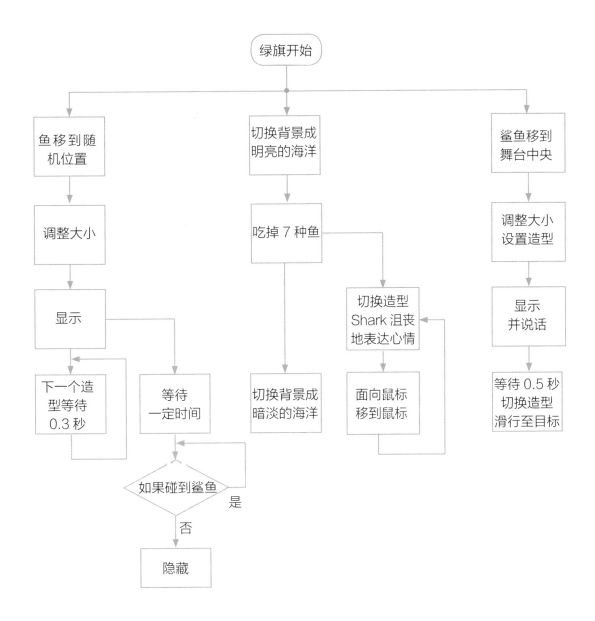

下面让我们开始准备素材。添加背景：underwater1、underwater2，添加角色：Crab、Frog、Starfish、Octopus，以角色 Fish 的各种造型单独为一个角色添加若干条小鱼。

素材都准备好了，开始按照设计好的流程编写程序吧！

7.1 其他小鱼的显示

同样是生活在大海里的动物，小鱼游动到哪里都有可能，所以使用"移到随机位置"，并通过使用外观中的 将大小设为 100 编程，按百分比调整角色大小使之与整个舞台和其他角色比例和谐，保证角色每次都能以很好的状态显示在大海中。

如果是一个有多个造型的角色，那么可以让小鱼运动起来，形成更好的视觉效果。

7.2　鲨鱼及场景切换

第一个场景的设置：根据故事发展，将背景切换为明亮灿烂的海洋背景 underwater1。

为鲨鱼角色定位、选择造型并调整大小，然后显示。作为主角显示在舞台正中央。

利用外观中的"思考"和"说"很好地表达信息并精准掌控时间。

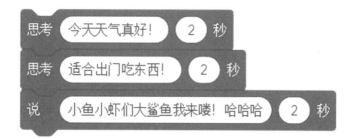

Scratch

利用【等待几秒】积木来留出时间间隔，使角色运动层次更清晰。

利用不同造型的切换展现出鲨鱼张口捕食猎物的效果，张口向猎物游过去，捕食成功后闭合嘴巴。在滑行过程的 1 秒中，鲨鱼的造型都是保持前一状态的。

此处鲨鱼直接滑行到角色，如果我们希望鲨鱼以别的路线游动捕猎，就需要获取到目标的坐标和自己的坐标。

在 Scratch 中有关角色自己坐标的信息可直接去运动中找寻 ，如果是其他角色的信息，就与碰撞类似，需要去侦测了，在侦测中有一个很厉害的万能积木 ，前后共有两个下拉菜单，可以点击一下观察它都有什么功能。这次需要用到的就是角色的坐标了： 。两种椭圆形积木所表示的都是对应角色当前位置的坐标，有了坐标便可以控制角色的行进路线了。

鱼被吃光后，要进行场景切换，空荡荡的海洋只剩下大鲨鱼，所以不再丰富多彩了，背景切换为 Underwater2。

孤独的大鲨鱼在海洋里游来游去，由玩家的鼠标控制，显示为沮丧的 shark-c 造型，并说着沮丧的话。

7.3 小鱼被吃判定

当小鱼与鲨鱼接触时，即判定被捕杀。

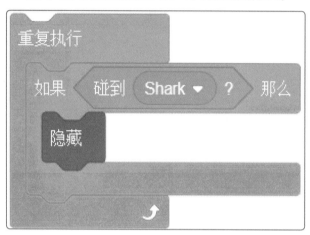

但在小鱼被吃的过程中，是有顺序的，梳理清楚时间轴，第一条小鱼的判定可以直接启动，但在第一条小鱼被吃掉前，第二条小鱼的判定不能启动，所以需要计算时间，以第二条小鱼为例：鲨鱼思考的时间 + 鲨鱼说话的时间 + 等待的时间 + 鲨鱼吃第一条鱼的时间 =7.5 秒。那么第二条小鱼的判定就应在程序开始后 7.5 秒再启动：

其他的小鱼依此类推，时间慢慢累加，顺序就是鲨鱼的程序中捕猎的顺序。

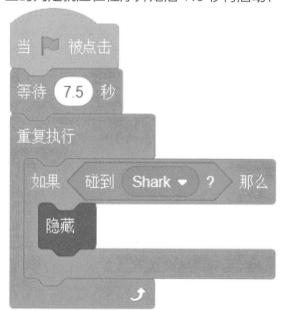

第8章 小恐龙广播体操

学习目标

积木：

外观——造型编号

事件——广播消息

事件——当接收到消息

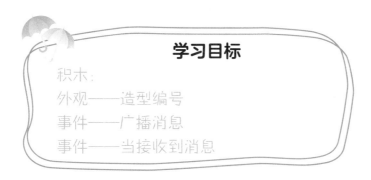

任务：学习使用"广播"，了解消息传递的作用。制作一个锻炼记忆力的广播体操小游戏。

欢迎来到小恐龙体育课，恐龙老师会一边喊出动作编号一边演示给玩家看，演示完毕后，玩家需要用键盘控制自己的小恐龙在镜子前完成看过的动作。

先来设想一下场景，两个背景——老师做操、玩家做操，三个角色——老师、玩家、玩家在镜子里的倒影。

根据我们构想的场景来设计一下程序流程吧！

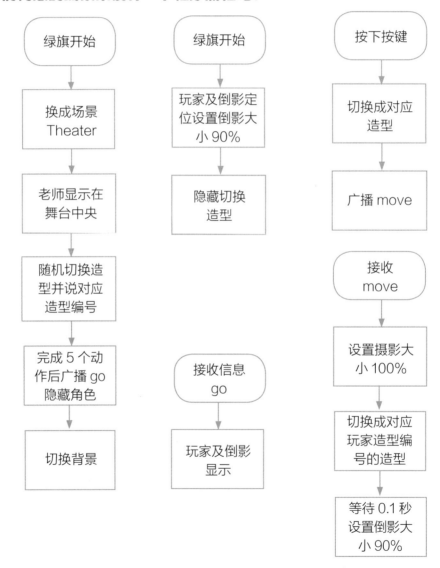

下面让我们开始准备素材。

添加背景：Theater。

绘制背景：利用矩形工具进行绘制，调整填充颜色：棕色、无轮廓，在画布右半边绘制接近木地板颜色的矩形，调整颜色：淡蓝色、黑色轮廓粗细为10，在画布左侧绘制矩形镜子。

◉ 添加角色：Dinosaur5。复制两次并重命名三个角色为：老师、玩家、倒影。

◉ 在角色信息栏的角色名称处直接修改便可更改角色名。　角色　老师

素材都准备好了，开始按照设计好的流程编写程序吧！

8.1　老师

老师在台上为学生演示广播体操，所以在程序初始化时，需要确定的有背景、老师的位置和老师的显示状态。

◉ 之后是老师的动作演示，由于固定的动作会大大降低游戏的有趣程度，所以让老师随机教授动作供玩家学习。

◉ 在老师教授广播操动作的同时，为了方便玩家记忆，还需要"说"出动作的编号，动作的编号是什么呢？就是角色的造型编号。与坐标相似的地方就是，如果需要自身的信息，就直接去对应分类中找积木，在外观中就有 造型 编号 ▼ 这样的积木。说出造型编号的时间，再有短暂的时间间隔，可以从视觉效果上很好地切分开每个动作。

◉ 老师完成想要教授的动作后，就是玩家的练习时间了，切换场地后，老师给出一个信号并"退场"即可。那么老师和玩家是不同的角色，如何通过编程控制其他角色的运行呢？这个时候就像是在学校里，老师说上课，班长便会喊起立，然后同学们就会全体起立说老师好。在这个过程中发生了两次消息的传递，在 Scratch 中也就是：广播和接收广播。

8.2 玩家

◎ 角色初始化，在程序开始的第一时间，玩家角色作为旁观者是不需要出现的，所以只需要找到自己的位置、摆好造型隐藏即可。就像在学校的体育课上，老师讲解的时候学生需要列队站好。

◎ 当接收到老师的命令开始练习时，角色就要显示出来了。在这里有一点需要注意，广播消息与所接收的消息名称必须完全一致。

◎ Dinosaur5 角色共有 8 个造型，由玩家控制动作，那么就需要 8 个不同的按键来控制造型的切换。

◉ 而玩家对于影子的影响同样也是利用广播实现的。倒影就是镜子的反射，不论玩家做出何种动作，倒影都只负责映射出来，所以不再需要像玩家那样控制很多的命令，一个广播足矣。

广播 move ▼

8.3 倒影

◉ 在这里需要对倒影角色进行一个提前处理，镜子中的倒影与我们实际的人、物是轴对称的，我们有两种办法可以对倒影角色进行操作：一是将8个造型逐个翻转，二是改变角色朝向，左侧为−90°，在此过程中需要注意角色的翻转状态，直接在角色信息栏中将倒影设置为左右翻转−90°即可。

◉ 角色初始化，在程序开始的第一时间，玩家尚未出现，所以倒影只需要找到自己的位置、摆好造型并隐藏即可。

◉ 倒影就是镜子对物体的直接反射，玩家角色接收到消息 go 并显示出来，倒影也要同时显示。

◉ 倒影只需要在玩家动的时候动，在玩家切换造型时切换成相同的造型。所以需要获取到玩家的造型编号，那么其他角色的信息就需要使用到侦测，而能侦测很多信息的积木就是  。

◉ 经实验发现当玩家连续做出两个相同的动作时，无法观察出任何反应，所以在影子上做些文章吧。让影子除了反应玩家的动作，还要闪动一下以示变化。这里就需要用到已经熟练操控的角色大小了。

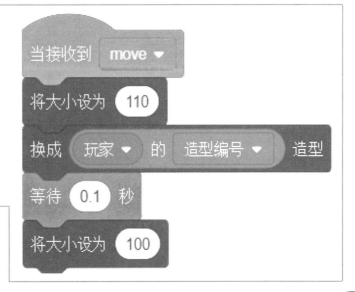

第9章 射击

学习目标

积木:

控制——当作为克隆体启动时　　控制——重复执行直到

控制——克隆自己　　　　　　　侦测——按下鼠标

控制——删除此克隆体

任务:在学习过的内容基础上添加判定,完成一个能够让玩家控制发射方向,能射中也能射空的游戏。

之前的课程里同学们都很好地完成了打气球的游戏，但实际上大家肯定都发现了，玩家只负责按开关，发射出去的都是自动瞄准的，弹无虚发，没有什么操作体验。今天就动手完成一个真正的射击游戏吧！

我们先来设想一下游戏的画面，一个背景，三个角色。

三个角色分别是：来回巡逻的小火龙、小火龙吐出去的火球和空中漂浮的气球。

> 这次要重点学习的积木是控制中全新的一部分。
>
> 控制

根据我们构想的场景来设计一下程序流程吧！

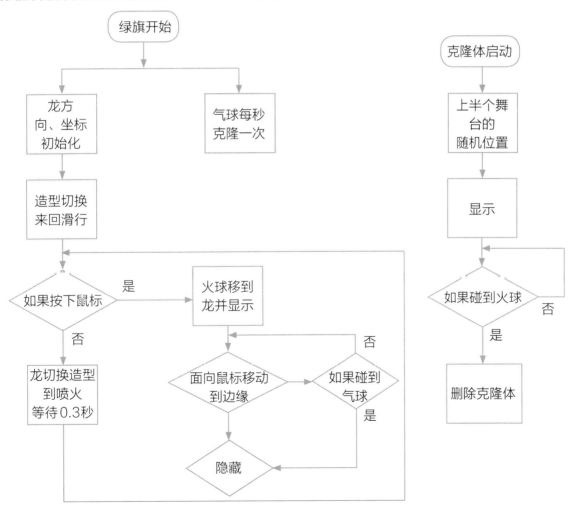

下面让我们开始准备素材：

插入背景:　　　　　　　　　　插入角色 Dragon:　　　　插入角色 Balloon:

插入 Ball 并染成红色作为火球：

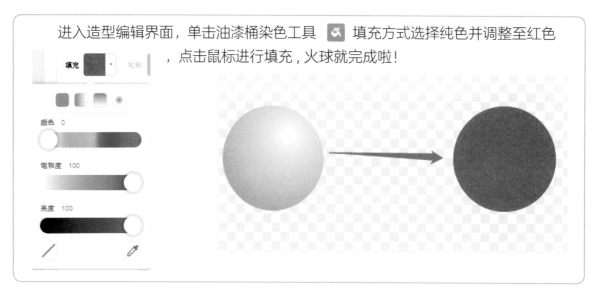

进入造型编辑界面，单击油漆桶染色工具　　填充方式选择纯色并调整至红色，点击鼠标进行填充，火球就完成啦！

素材都准备好了，开始按照设计好的流程编写程序吧！

这一次按照每个角色划分把程序单独写好。

9.1 恐龙

初始化 + 往返运动：给角色运行第一时间一个初始的定位，然后调整面向方向，使用滑行完成，调整时间参数，根据距离调整速度，使角色匀速往返。

在这里有一点需要注意，那就是角色的旋转状态，如果疏忽了，恐龙可就要朝下运动了。

造型切换：因为龙还有第三个喷火的造型，所以不可以使用"下一个造型"直接完成造型切换。

玩家操控：玩家如果按下鼠标，那么就能变成喷火龙的造型。这一步是为了完善游戏的画面效果。

在这里玩家为了控制喷火，单独起一条并列程序，而不把"如果那么"放进造型切换的重复执行中是因为为了实现视觉效果，造型切换并不是连贯的，而中间用来控制时间差的"等待"占用较多的时间，在等待过程中，程序不会向其他积木行进，也就无法识别到鼠标的点击了。为确保游戏灵敏度，我们必须为"如果按下鼠标那么"单独建立一个无干扰的循环。

9.2 气球

本体：这次需要比较多的气球来进行射击，添加很多的角色是非常麻烦的，也很不利于编程，所以使用克隆来完成这一复杂的工作。要明白的是利用到克隆，就有了同一角色"本体""克隆体"两种状态的区分，在编程过程中，它们的判定可不是通用的，需要分开编写。

在控制的最后有"克隆三件套"：   ，通过形状我们可以分辨出"当作为克隆体启动时"是开始积木，"克隆自己"是中间功能积木，"删除此克隆体"是结束积木。

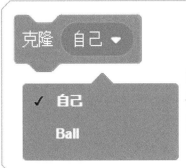

"克隆"除了能克隆自己以外，还可以克隆其他角色，所以在编程过程中，一个角色的克隆并不一定需要自身的程序来控制。在这里能够看到本体始终是隐藏在舞台左下角的，绝不会影响到游戏的运行。

克隆体：

Scratch

◉　　有了克隆就一定有对克隆体的控制，由"当作为克隆体启动时"开始，利用移到 + 随机数来有范围地随机指定"克隆体"气球出现的位置，气球如果碰到火球，那么就被射爆了！

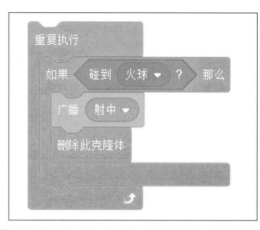

◉ 在这里需要注意的是，为了让侦测的判定保持下来，需要在"如果那么"外面加重复执行。
　　另外，因为计算机运行的速度飞快，而角色间碰撞的判定又是相互的，如果气球克隆体在碰到火球的第一时间就删除此克隆体，火球将无法进行判定，就像气球在发现自己被打的第一瞬间就躲开了一样。所以在判定成立后，我们选择"广播"来完成另一侧的结果接收，就好像在点名的时候，老师点到了你，你答了一句"到"一样。

当作为克隆体 启动时
移到 x: 在 -220 和 220 之间取随机数 y: 在 0 和 160 之间取随机数
显示
重复执行
　如果 碰到 火球 ▼ ? 那么
　　广播 射中 ▼
　　删除此克隆体

9.3 火球

火球分为两种状态：发射和未发射。

◉ 未发射状态火球是在恐龙肚子里且无法被看到，我们就通过编程想办法令它隐藏跟随恐龙。

◉ 而发射的火球需要一个触发的命令，之后是沿鼠标点击一瞬间的位置方向高速运动的，运动的终点是舞台边界，学习过的"碰到对象"积木下拉菜单中能够找到"碰到舞台边缘"作为限定条件。这一次侦测的条件成为我们运动的结束条件而不再是开始条件，通过"重复执行直到"积木可以实现结束条件的判定，在满足条件时跳出重复执行。

为了保证我们有源源不断的弹药，也为了让恐龙能在玩家每次点击鼠标时都吐出火球，重复执行是必不可少的。

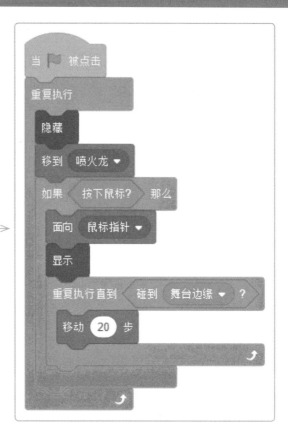

在气球中为了让判定及时在两方之间生效，发出了一个"广播"，接收的时刻到了，当气球克隆体给出自己被打中的信号时，子弹被消耗。

这次的游戏编程不管从质量还是难度都有一定的提升，可玩性、观赏性也有了很大的进步。快快跟家人、朋友分享一下吧！

第**10**章 郊 游

学习目标

积木：

运动——将 y 坐标增加

控制——重复执行几次

控制——停止全部脚本

任务：认识"重复执行几次"，学习并灵活掌握距离、相对运动的概念。

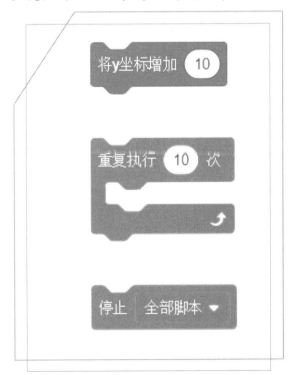

这堂课我们有很重要的东西要学，目标作品是一个人到漂亮的郊外散步，有郁郁葱葱的树，有随风飘过的云，但是也有一些稍不注意就会把人绊倒的石头。现在设计自己的场景，然后想办法安全地躲开石头吧！

首先分析一下，一个背景，四个角色：人物、石头、树、云。

根据我们构想的场景来设计一下程序流程吧！

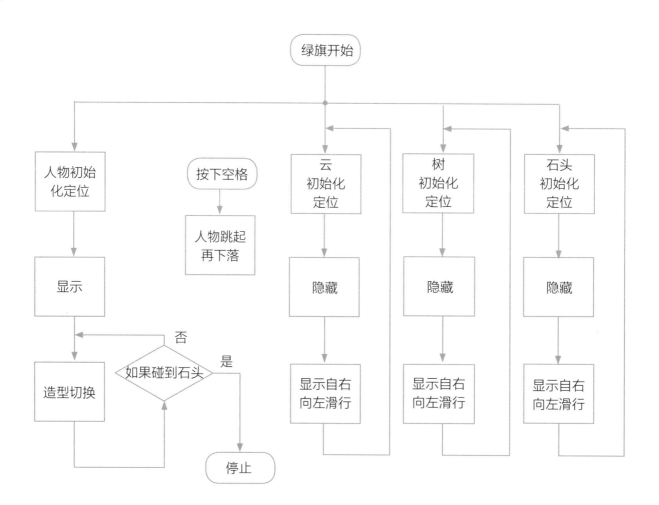

下面让我们开始准备素材：

可以自行绘制蓝天草地背景：

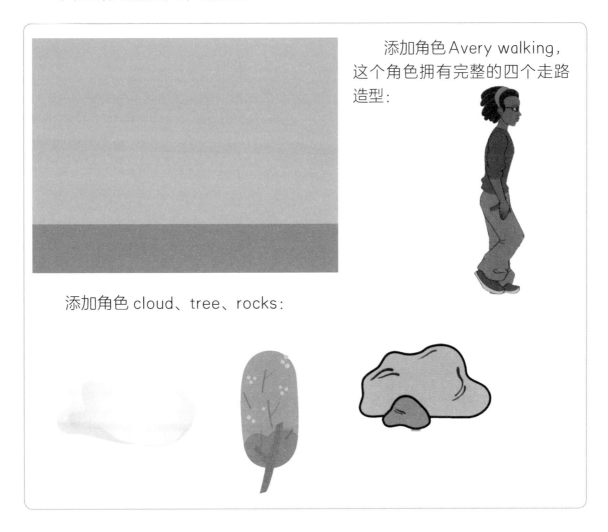

添加角色 Avery walking，这个角色拥有完整的四个走路造型：

添加角色 cloud、tree、rocks：

在角色信息栏中有"大小"，可以通过手动修改来调整舞台内角色的大小。

素材都准备好了，在编程之前我们要学习一个概念：相对运动。

一个物体相对于另一个物体的位置只是发生了变化，这个物体就相对另一个物体在运动，叫作相对运动。

举个例子来说，我们坐在行驶的车上，路边的行人就像在向后走一样，这一现象就是相对运动，行人也是在向前走，而由于速度原因看起来像在向后走。

同理，以为同学站在原地不动，其他人像他的反方向走，也感觉像是他在不断前进。

现在开始编程吧！

10.1 主角色人物

角色坐标初始化：

作为主角色，只需要在原地切换造型，即可在其他角色的滑行过程出体现出相对运动的视觉效果。

障碍跳跃：角色在跳跃的过程中，视觉效果是边前进边跳跃的，但实际上只有纵向发生了位移，横向的是 x 坐标，而纵向的是 y 坐标，有没有办法只改变角色的一种坐标呢？

运动积木中是有这样的坐标可以使用的。而跳跃的动作是有过程的，那么如何增加坐标才能实现匀速上升一段距离的效果呢？一个特殊的重复执行可以起到关键作用。

同样结合生活实际，我们也知道跳跃的过程中下落的速度要快于上升的速度，两种积木相结合帮助角色完成跳跃动作。

游戏判定：在人走路的过程中，跳跃躲避的就是石头，那么如果被石头绊倒会怎样呢？如何通过程序知晓角色与石头发生了接触呢？角色碰撞的条件判定可以满足要求。

被绊倒后，出游可以停止，程序如何停止？在控制积木中有专门停止程序脚本的积木供大家使用。

10.2 天空中的云

天空中的云朵是自由飘动的，所以不同的云只要与主角色之间产生相对运动即可，使云从右向左与人物对向运动。

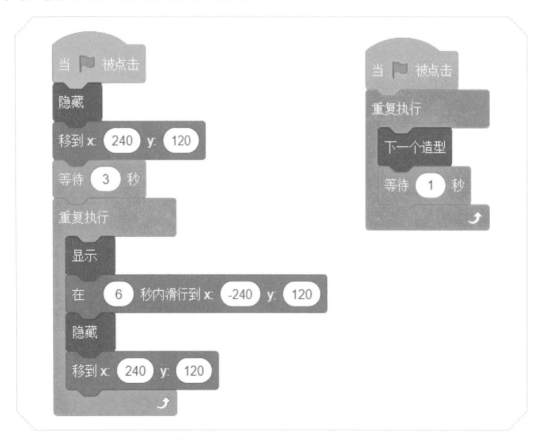

10.3 地面景观

地面是一个整体，所以地面上的树和石头只要出现，它们的运动速度就是相同的，这叫作相对静止。体现在程序中就是自右至左滑动。添加不同的时间差，使得树木错落有致。各角色的 y 坐标同样通过手动拖放配合左边的参数调整。

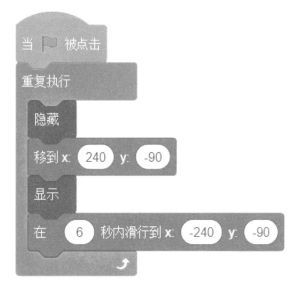

第 11 章 电子钢琴

学习目标

积木：

拓展——音乐

外观——特效

任务：认识拓展模块，了解、使用音乐积木制作可以自主演奏的电子琴。

乐器大家或多或少都接触过，这次用已经逐渐上手的 Scratch 编程制作一架属于自己的钢琴吧！可别忘了一系列的弹奏效果。

构思一下场景，一个背景，若干个角色。

自己喜欢的背景中有一架钢琴和若干音符。

　　那么我们需要添加背景、角色，然后让动画绘声绘色地运行起来。
需要使用如下：

事件

运动

控制

外观

侦测

重要而不熟悉的如下：

音乐

Bordeaux

根据我们构想的场景来设计一下程序流程吧！

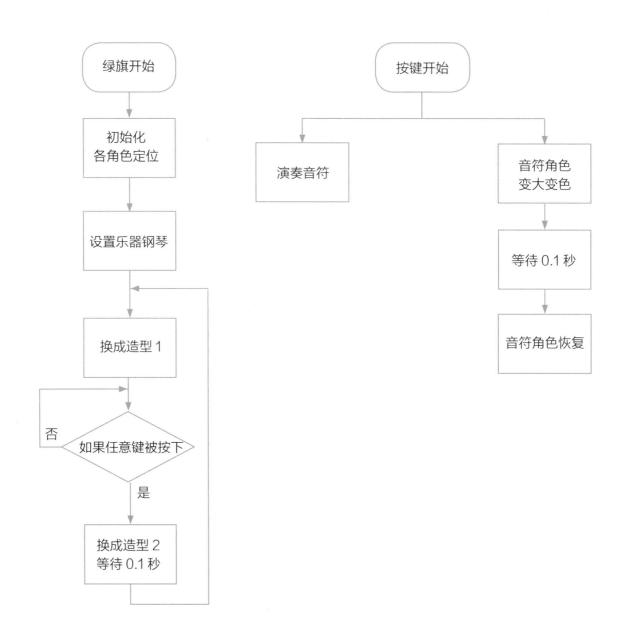

下面让我们开始准备"素材"。

插入心仪的背景： 插入数字作为简谱音符： 插入 keyboard：

素材都准备好了，开始按照设计好的流程编写程序吧。

11.1 钢琴

角色位置初始化：通过直接拖动角色调整大概位置，并配合编程参数精校。

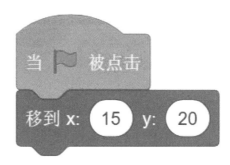

　　给自己的钢琴加上一些视觉上的动画效果。不弹奏的钢琴是一个样子，弹奏的又是一个样子。有一点需要注意的就是，电子钢琴弹奏过程中会有很多按键，在侦测按键的积木"按下空格键"的下拉菜单中有一项"任意"供我们使用，只要按下的是可被侦测的按键，任何一个都可以触发后面的程序了。

　　下面进入重头戏，需要点击左下角的 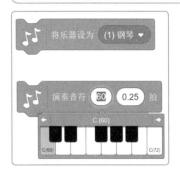 添加扩展，然后挑选要用的乐器和要演奏的音符。需要注意的是，为了方便编写、检查，将所有的音乐积木写在同一角色内更为方便。

11.2　音符

多个音符在弹奏的过程中跳动，首先各个音符要有自己的固定位置。同样通过拖动摆放 + 坐标调整的方式完成定位。

12345678

为了制作音符的跳动效果，选择改变角色的大小。

Scratch

完成之后可以发现只有 20% 的造型并没有那么明显的动画效果，在这里引入一个新的积木。

将 颜色 ▼ 特效设定为 0

"将颜色特效设定为"积木可以通过编程调整角色的颜色，取值范围：-100~100。

当按下 1 ▼ 键
将大小增加 20
将 颜色 ▼ 特效增加 -100
等待 0.1 秒
将大小增加 -20
将 颜色 ▼ 特效增加 100

通过编程可以让音符角色在大小、颜色两方面都有特殊效果。

小 毛 驴

北京儿歌

1=C 2/4
调皮、风趣地

1 1 1 3 | 5 5 5 5 | 6 6 6 i | 5 - ∨ | 4 4 4 6
我 有 一 只 小毛驴我 从 来 也 不 骑， 有 一 天 我

3 3 3 3 | 2 2 2 2 | 5. ∨ 5 | 1 1 1 3 | 5 5 5 5
心 里 高兴 骑着 去 赶 集。我 手里 拿着 小 皮鞭我

6 6 6 i | 5 - | 4 4 4 6 | 3 3 3 3 3 3 | 2 2 2 3 | 1 -
心 里 正得 意， 不知 怎么 咕噜噜噜我 摔了 一身 泥。

学习目标

积木：

侦测——询问并等待   画笔——全部清空

侦测——回答   画笔——图章

侦测——碰到颜色

任务：初次认识变量概念，灵活掌握多种碰撞侦测。设计自己的游戏地图，制作 dancing line 游戏。

掌握的知识越来越多，我们可以尝试去模拟制作一些小游戏，今天来学习制作一个简约版本的 dancing line。能够想到的就是至少有地图和控制办法，而线如何运动就是要学习的重点了。

设想一下今天的场景是既复杂又简单的：一个背景，一个角色足矣。不过这个场景都需要由自己设计地图、角色。为了让游戏结果有很好的反馈，也可以再添加两个背景或者角色进行输出。

开始设计地图之前，我们先来细化一下游戏流程！

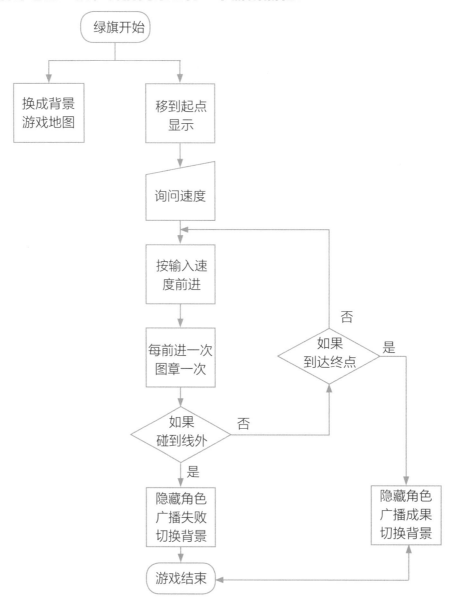

下面让我们开始准备"素材"。

绘制背景：根据自己想要的路径、地图进行绘制和调整。

进入"背景"选项卡，使用矩形工具 矩形 进行绘制。保持矢量图状态可以方便随时调整位置及角度。地图中需要区分出至少三种颜色：路径、禁入区域、终点。

设计成功、失败两种情况的背景。

绘制新角色，同样使用画图工具添加自己的主要角色。根据画布中心位置点一个点作为角色即可。

素材都准备好了，开始按照设计好的流程编写程序吧！

12.1 开始设计

背景及角色初始化。

初始背景：

角色移到起点：

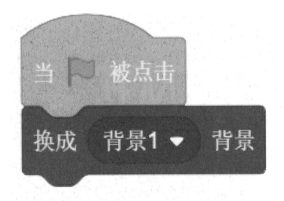

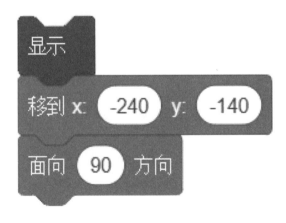

画笔
绘制角色。

为了完成线的运动和记录，引入学习拓展积木：画笔。

舞台就像一块黑板，使用画笔里的积木绘制、图章的都是直接在背景上的，所以会被角色遮挡且不能局部擦除。

清空屏幕：🖊全部擦除 想要保证舞台整洁，就要在程序初始化的过程中擦除不需要的画笔痕迹。

12.2　确定移动速度并开始游戏

人与人之间重要的是沟通，而与计算机沟通也是很重要的，计算机的理解能力很强，但它需要与人进行充足的沟通。而侦测中有这样的积木"询问并等待"。

在运行这个积木的时候计算机会发出提问 询问 What's your name? 并等待 并非常耐心地等待玩家的回答 回答 是一个已经建立好可以直接赋值使用的变量积木，但内容是固定的，无法再次运算或赋值。椭圆形的积木像六边形的条件积木一样是无法直接使用的，椭圆形数据积木与部分拥有相同形状白色区域的积木拼接使用。

在线运动的过程中，新学习一个画笔积木"图章"，在视觉上看起来与"克隆"一样都是运动留下痕迹，但是"克隆"在运行过程中是有限制的，受内存限制，克隆体达到一定数量（约 300~330 左右）便无法继续显示出新的克隆体，而"图章"是让角色在运动的过程中留下脚印，就像是一个人在脚下涂抹了颜料，然后留下的足迹。

12.3　游戏控制

因为线是由主角色运动的路径痕迹组成的，它的走向由主角色控制，所以玩家控制方式便是控制角色的朝向。
利用键盘方向键控制角色运动的方向即可。

12.4　游戏判定

在游戏过程中一定会出现成功或者失败。所以需要对两种情况分别判定，在这次的游戏中我们采取对颜色进行判定，如果角色接触禁入区域颜色，游戏失败，如果角色接触终点颜色，通关成功。

对颜色的判定是角色对背景中颜色的侦测，所以我们去侦测中找到六边形的"碰到颜色"积木 ，点击颜色并通过吸管到舞台上取色。

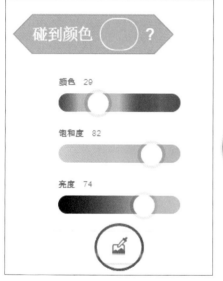

条件积木配合"如果那么"实现功能。

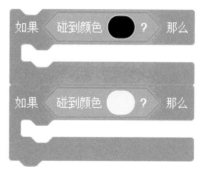

12.5　游戏结果

游戏可能出现两种结果：（1）角色碰到禁入区域黑色，游戏失败；（2）角色碰到终点黄色，游戏成功，根据两种情况分别有不同的输出，无论哪种情况，程序都需要终止。

结果使用背景切换进行输出，游戏主角色隐藏，直接切换场景。

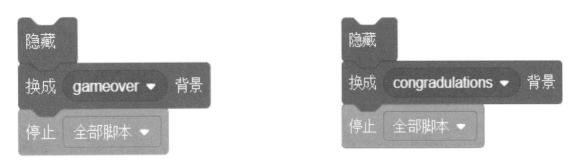

将程序完整拼接起来，试玩一下吧！看看自己能胜任哪个难度！

第13章　赛　车

学习目标

积木：
外观——移到最上面

任务：本章以复习为主，希望同学们能记住并灵活掌握学过的知识，独立完成一款赛车游戏。

任务描述：一辆赛车不规则地在每条车道上与其他赛车对向行驶，共有三条行车道，车道有宽度限制。能坚持穿越车流半分钟者赢得胜利，并终止程序。游戏过程中如果与对向车辆发生撞击或驶离道路，则游戏失败，终止程序。

本章需要使用的积木种类较多，包括如下：

事件

运动

控制

同时还需要同学们自行挑选素材或绘制部分素材。

根据我们构想的场景来设计一下程序流程吧！

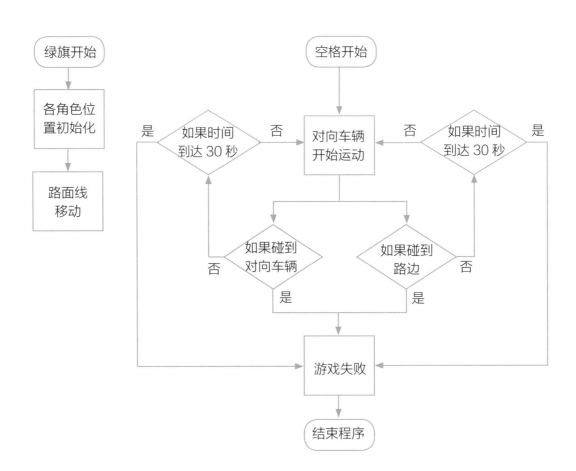

下面让我们开始准备素材。

绘制背景及路面线:

添加车辆角色: Convertible 2、City Bus、Food Truck、Truck。

分两个造型书写结果输出的字幕: YOU WIN、GAME OVER。

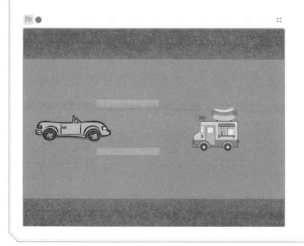

素材都准备好了,开始按照设计好的流程编写程序吧!

13.1 各角色位置、状态初始化

主角色车辆定位: 利用相对运动，左侧主角色定位，然后不再发生横向位移。

◉ 右侧对向车辆隐藏: 初始时刻隐藏，在游戏开始命令后，再显示完成自己的运动。

◉ 路面线移动:  赛前准备，无对向车辆，只有主角色行驶。同

样是依靠相对运动，由路面线自右向左滑行，形成主角色车辆行驶的视觉效果。

◉ 结果输出角色位置状态初始化:  初始时将角色隐藏于舞台正中

央，值得注意的是，游戏运行开始会有很多的角色同时存在于舞台内，就像很多丢出的拼图碎片，谁在上谁在下都不是固定的，而结果显示需要一目了然。需要使用外观中的"移到最前面"限定，就像很多绘图软件一样，很多的图片堆在一起就需要分层，Scratch 的舞台也是需要区分"图层"的。

13.2 游戏开始

对向车辆运动：

```
当按下 空格 ▼ 键
等待 2 秒
重复执行
    移到 x: 240 y: 90
    显示
    在 2 秒内滑行到 x: -240 y: 90
    隐藏
    等待 在 1 和 3 之间取随机数 秒
    下一个造型
```

当按下空格键后，启动游戏内容，对向车辆稍迟片刻显示在对应车道的最右端，然后以各不相同的速度向左滑行，随机间隔小，短时间后，再换个造型从右侧出发。

主角色判定：

在按下空格启动游戏后，不管是与对向车辆发生碰撞，还是驶离道路，都会造成游戏失败。多种原因均可触发失败的结果，所以我们可以清晰地编写每种情况，然后将各种条件串联起来，只要满足其中一种，整条侦测线路都会被触发。

```
当按下 空格 ▼ 键
重复执行
    如果 碰到 City Bus ▼ ? 那么
        广播 失败 ▼
    如果 碰到 Food Truck ▼ ? 那么
        广播 失败 ▼
    如果 碰到 Truck ▼ ? 那么
        广播 失败 ▼
    如果 碰到 路面线 ▼ ? 那么
        广播 失败 ▼
    如果 碰到颜色 ● ? 那么
        广播 失败 ▼
```

主角色车辆运动控制：

主角色不再发生任何 x 轴方向位移，只依靠相对运动实现运动效果，但在 y 轴方向的躲避运动还是存在的，所以使用按键去控制车辆单纯的 y 坐标变化。

13.3 结果输出

游戏开始后便计时，时间到，且游戏没有失败被终止脚本即为获胜。不论何种原因，只要触发了失败，就显示 LOSE 并终止包括游戏计时在内的全部脚本。

13.4 拓展

尝试改变主角色上下运动的控制程序，使与路面线角色之间的碰撞成为有实际意义的限定条件，增加游戏难度。

任务：理解并使用 if...else... 的判断逻辑，了解重力概念，动手模仿 flappy bird 制作小游戏。

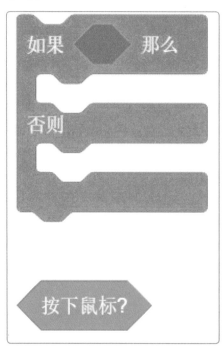

flappy bird 这个游戏就是一只小鸟在障碍中穿越。不断有障碍出现，而小鸟的任务就是在玩家的控制之下上下飞动穿越重重障碍。

要先明确场景，一个背景中要包含地面，两个以上的角色，包括小鸟和若干障碍。

根据我们构想的场景来设计一下程序流程吧！

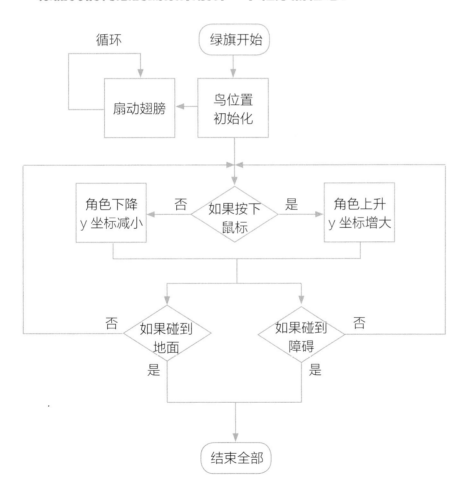

下面让我们开始准备素材。

绘制背景中的地面及不同障碍物角色：

背景：选择矩形工具 矩形 调整填充颜色，设置无边框 填充 轮廓 0 ，绘制长条矩形并防止与画布底端充当地面。

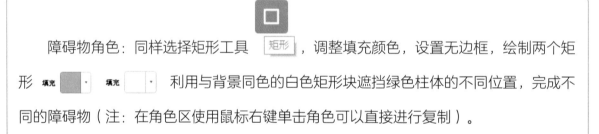

障碍物角色：同样选择矩形工具 矩形 ，调整填充颜色，设置无边框，绘制两个矩形 填充 填充 利用与背景同色的白色矩形块遮挡绿色柱体的不同位置，完成不同的障碍物（注：在角色区使用鼠标右键单击角色可以直接进行复制）。

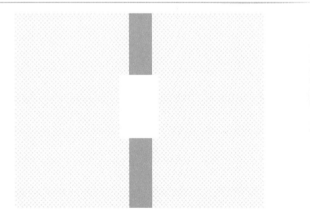

障碍物1   障碍物2   障碍物3

添加角色：parrot

素材都准备好了，开始按照设计好的流程编写程序吧！

14.1　角色位置初始化

鹦鹉坐标初始化：

障碍物角色坐标、状态初始化：

14.2　主角色鹦鹉外观

有间隔地切换造型，让一个个造型连贯切换形成角色的运动效果。

14.3 主角色鹦鹉运动

　　在 flappy bird 游戏中小鸟的上上下下是由玩家的点击控制的，如果点击那么向上飞，如果没有点击那么向下落，在游戏中模拟了用力飞就能上升，不用力就会受重力作用下降的现象。

　　在这里需要注意的是两个条件："点击""不点击"是两个对立的条件，在编程积木中同样也有对应的选择。

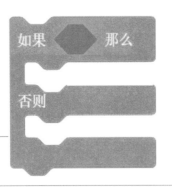

　　如果、那么、否则，与这个积木结合就可以通过一个条件的侦测实现两种情况的控制，分别将那么和否则所需要执行的程序放置到对应的小夹子中就可以了。

　　在学习了程序对键盘的侦测后，本次学习对鼠标按键的侦测。

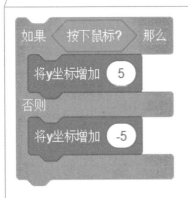

需要再添加一层"重复执行"的夹子。

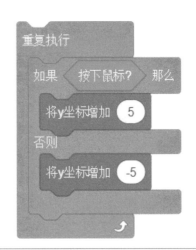

14.4　障碍物运动

障碍物有时间间隔的自右向左运动，但第一次出现时就要调整好时间差，所以需要区分第一次运动的程序和后面按规律出现的循环。

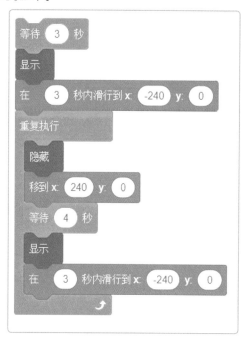

14.5　游戏判定

如果鹦鹉在飞行过程中落地或者撞柱，都会导致游戏结束。对于地面和障碍物的侦测都可以选择对颜色进行侦测，多个障碍物同色便可使程序更简洁。

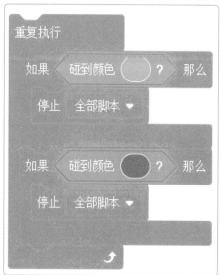

和朋友们一起玩一玩，看看谁的反应更快吧。

第15章 逃离包围圈

学习目标

积木：

控制——等待条件

侦测——颜色碰到颜色

任务：学习新的逻辑判断，灵活应用并完成一款用鼠标操作的小游戏。

设计一款小蝙蝠被困在森林迷阵中，迷阵会不断改变位置，需要通过玩家操控让它逃离的游戏。

困住小蝙蝠的迷阵是从大到小三层圆弧形的迷宫，随着时间的变化不断旋转，同时三层圆弧的旋转速度不同。

我们需要使用鼠标控制小蝙蝠的位置，带它突破一层层的迷阵，最终碰到舞台边缘，成功逃出。

场景需要一个背景——纯色更利于编程，四个角色——主角 + 三个包围圈。

根据我们构想的场景来设计一下程序流程吧！

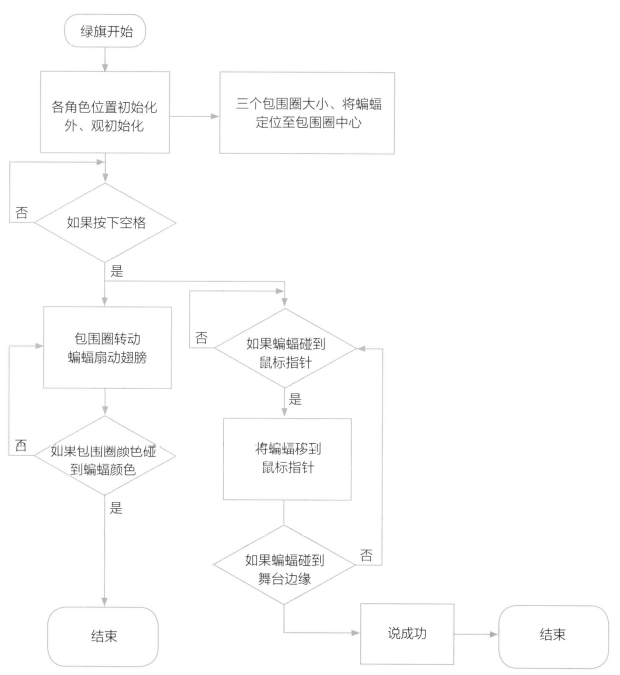

下面让我们开始准备素材：

动手绘制包围圈：

选择画圆工具 ⬜ ，颜色选择无填充、轮廓为 20 填充 ∕ ▾ 轮廓 ⬛ ▾ 20 按住 Shift 键后按下鼠标画圆即可画出正圆图案。

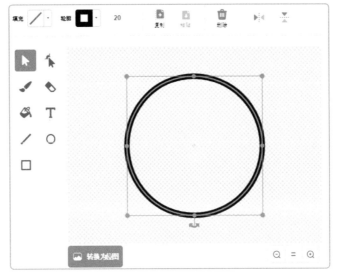

根据画布造型中心调整图案位置，绘制摆放完成后，用橡皮擦 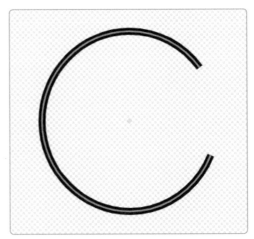 将包围圈的缺口擦除，得到缺口包围圈的矢量图。

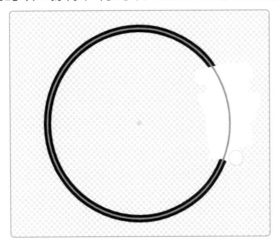

复制角色，在各角色内单独完成染色。

使用选择工具  选中图案，在上方调整轮廓颜色完成染色。

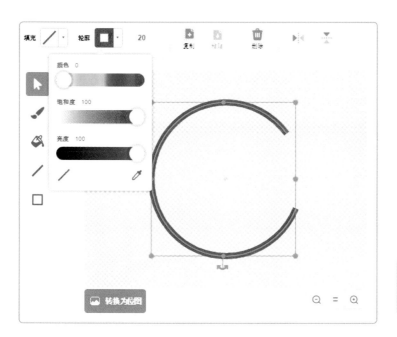

添加角色 bat：

保留造型 a、b，选择 c、d，单击右上角的垃圾桶图标删除造型。

为便于程序侦测，统一蝙蝠耳朵、手脚颜色，选择填充工具 ，使用吸管获取目标颜色，并对几部分进行染色，获得外圈颜色统一的蝙蝠。

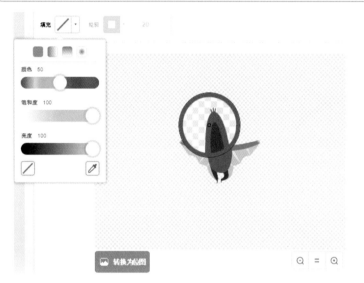

素材都准备好了，开始按照设计好的流程编写程序吧！

15.1 开始·各角色初始化

主角色蝙蝠定位及状态调整：在造型编辑过程中，可以很容易地改变角色造型的大小，但这种操作存在弊端，不清楚具体的变化程度且多次操作后无法复原，所以应该养成习惯使用外观积木编程调整角色大小。

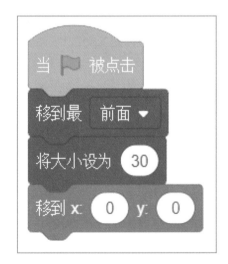

包围圈定位及大小调整：

　　叠加多个同心圆，圆心就是角色的造型中心，也就是角色定位的坐标。包围圈层层叠叠，所以需要使用"将大小设为"把各个角色大小错落开。

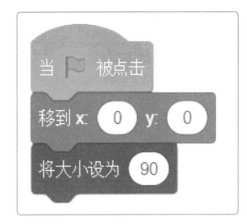

15.2 游戏启动

　　如果使用"当按下空格键"作为游戏的启动条件，有可能出现因为误碰导致的重置，所以根据不同的情况需要不同的逻辑条件供编程者使用。与"等待几秒"不同，"等待条件"是可以被控制的，在条件触发前都保持在程序这一位置不向后运行，而出发的时间点是不固定的，这就是它与"等待几秒"不同的地方。在程序过程中使用"等待按下空格"便可在一条程序中控制后面的程序。

15.3 游戏运行

　　包围圈的游戏判定：

　　在运行过程中，各包围圈独立运转，转速各不相同，但是相同的地方是碰到蝙蝠就应该停止程序，那么在这种有停止条件的持续运动情况下，应该选择"重复执行直到"作为逻辑判断积木使用。小夹子内所夹的是重复执行的内容，夹子外末端所夹为跳出循环后执行的内容。

　　而作为包围圈和蝙蝠两个角色，它们是随时有接触的，在绘制包围圈时，我们选择了不填充，但并不代表这不是一个很大的圆形，所以在角色碰撞方面要有新的侦测积木站出来。"颜色碰到颜色"积木可以很好地解决这个问题，精准地去判断两种颜色之间的碰撞判定，而不再局限于角色。

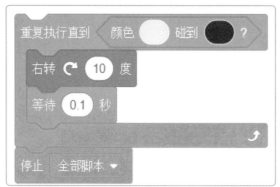

角色的外观变化：

　　蝙蝠作为一种会飞的动物，在逃离过程中要扇动翅膀，所以需要熟悉的造型切换，适当的时间差，形成流畅的动作。

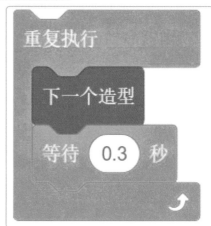

主角色游戏判定：

　　既然是游戏，就需要玩家能够对游戏进行控制，主角色蝙蝠的运动为了在提高操作难度的同时，尽可能避免 bug 的出现，当鼠标与蝙蝠有接触时，蝙蝠跟随鼠标移动。换成编程语言就是"如果蝙蝠碰到鼠标指针，那么移到鼠标指针"。

　　蝙蝠在逃离过程中是应该随时接受，玩家的合理操控的，所以在"如果那么"的小头子外还需要重复执行。

　　角色除了因被包围圈拦截导致游戏失败之外，还有成功逃脱的情况。所以再次使用有结束条件侦测的"重复执行直到"。蝙蝠逃离至舞台边缘即视为成功逃离，说出"成功"后结束游戏。

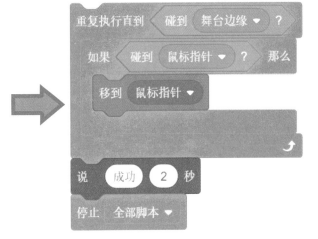

完成程序后，试着帮助自己的蝙蝠逃出重重包围吧！

Scratch

第16章 飞船大战

学习目标

积木：

侦测——角色的参数

变量——将变量设为（赋值）

变量——将变量增加（运算）

任务：认识、学习使用变量，在游戏的基础上添加更多的元素，比如计分。

将 我的变量 ▼ 设为 0

将 我的变量 ▼ 增加 1

角色1 ▼ 的 x坐标 ▼

我军阵地遭到轰炸，所以需要玩家驾驶飞船对敌军导弹进行拦截，但是我军飞船不可以离开大气层，只能横向移动，通过不断射击的方式进行导弹拦截，拦截成功即可得分。

根据设计构思场景：

一个背景——浩瀚星空和大气层，三个角色——我军飞船、炮、敌军导弹。

根据我们构想的场景来设计一下程序流程吧！

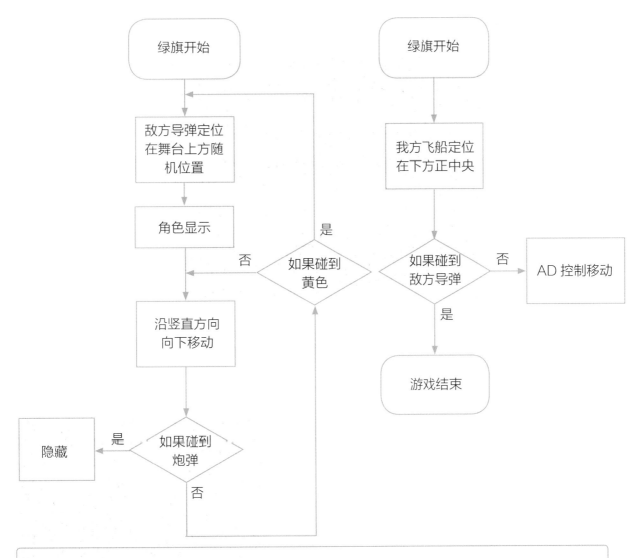

下面让我们开始准备素材：

绘制背景：

切换绘图状态至位图 转换为位图 ，选择填充工具 ，设置颜色为黑色（亮度调整至 0），对画布进行染色。

使用矩形工具 绘制底部"大气层",调整颜色,选择实心绘制长条矩形并移动位置调整至底部。

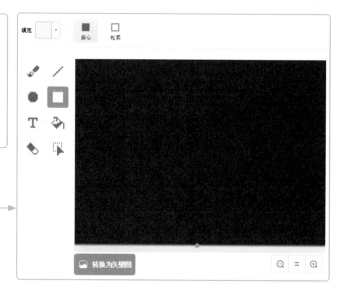

　　添加角色 rocketship，可以使用造型 a 作为我方飞船。复制角色 rocketship，使用造型 b 作为敌方导弹，在此处需要对造型进行处理。使用选择工具 全选造型并旋转至头部且朝下。

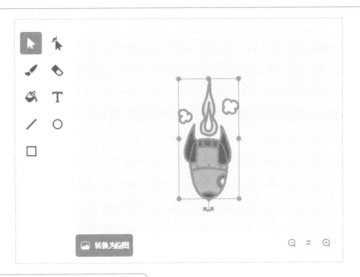

　　使用填充工具 调整出喜欢的颜色 ，对导弹各部分进行染色，调整出另外一种颜色对轮廓染色。如果操作不便，可点击右下角的放大镜放大。

绘制炮弹：

绘制新角色，选择画圆 工具，调整出喜欢的颜色，设置为无轮廓，放大画布，在画布中心绘制椭圆形炮弹。

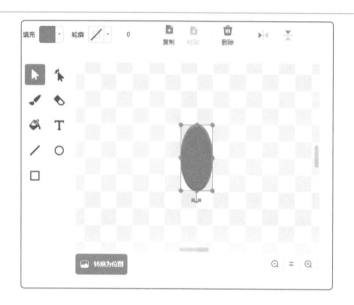

素材都准备好了，开始按照设计好的流程编写程序吧！

16.1 我方飞船

初始化定位：将角色移到下方正中央位置，依旧采取直接拖动 + 坐标微调的方式给角色确定位置。

　　玩家操控：游戏开始前、结束后，角色都不能被随意移动，所以不选择"当按下按键"作为一条程序的开始去控制角色运动，把按键侦测嵌入到运行的程序中，就需要"如果那么"的配合。

　　为保持玩家控制的可持续性，需要重复执行配合使用。

　　游戏判定：我方飞船如果被敌方导弹击中，游戏就结束了。所以需要对"碰到角色"进行侦测，从而输出结果结束程序。

16.2 炮弹

炮弹自身运动：炮弹源源不断地发射，路径是由飞船为起点发射出去，沿直线运动直到碰到边缘。所以需要为其定位并使其运动。

炮弹拦截导弹：炮弹在飞行过程中如果遭遇了敌方导弹，便消耗自身拦截导弹，所以如果与敌方导弹发生碰撞就需要隐藏起来。我们学习过两个角色间碰撞的问题，计算机的运行速度飞快，碰撞的一瞬间进行隐藏操作，另一方就无法做出判定了，所以需要使用广播告知判定结果。

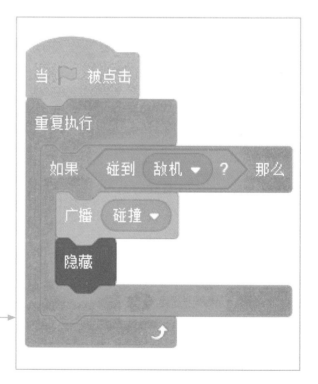

得分设定：

◎ 这次认识新的一类积木：变量。变量在编程中是一种存储和运算的工具，我们可以将它存入、取出、使用、运算。

举个例子：变量就像一个杯子，我们为它起个名字，然后向里面放糖果。如果杯子内容是糖果的口味就是文本变量，如果杯子内容是糖果的数量就是数字变量，而这些内容都可以重新存储或者取出使用、再处理等。

 "将变量设为" 积木可以将内容写入，对变量进行赋值，可以理解为放入、存入。

"将变量增加" 积木是对数字变量的再处理，求和并写入。

◎ 在定义游戏得分的过程中，需要新建一个变量，在命名的过程中要养成良好的习惯：用尽可能少的字符表达清楚该变量的作用。新建变量并命名后获得了计分所需的变量积木，就需要在运行的程序中找到准确的位置，在游戏刚开始的时候初始化分数至 0 分，之后每成功拦截一颗导弹，分数加 1。

新建变量

新变量名：

◉ 适用于所有角色 ○ 仅适用于当前角色

取消　确定

Scratch

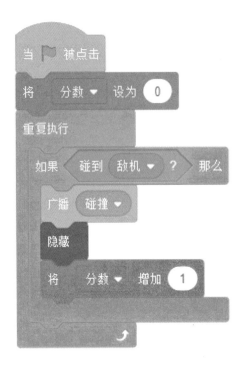

16.3 敌方导弹

导弹自身运动：地方导弹自舞台顶端随机出现，然后直线向下飞行，接触大气层（黄色）后消失，等待片刻再次在随机位置出现。

被炮弹拦截：当导弹被炮弹拦截成功后，会收到拦截成功信号。接收到广播后消失。

Scratch

第17章 食物危机

学习目标

积木：

控制——停止该角色的其他脚本

运算——比较运算符：大于

运算——比较运算符：小于

运算——比较运算符：等于

任务：学习使用比较运算符，完成一个可以操作的数学游戏。

停止 该角色的其他脚本 ▼

游戏开始后，会有猴子和香蕉不断从屏幕上方落下。玩家通过点击下落的香蕉和猴子来控制数量，任务计时为一分钟，需要控制猴子和香蕉的数量，使它们相等，当猴子的数量大于香蕉时，香蕉不够吃，当香蕉的数量大于猴子时，香蕉会多出来。

根据游戏环节设计场景：一个背景——整体背景，四个角色——猴子、香蕉、钵盂、结果。

根据我们构想的场景来设计一下程序流程吧！

```
                    ┌──────────┐
                    │ 绿旗开始  │
                    └──────────┘
        ┌───────────────┼───────────────────┐
        ▼               ▼                    ▼
┌──────────────┐ ┌──────────────┐   ┌──────────────┐
│  猴子、香蕉数  │ │ 猴子、香蕉、结 │   │   钵盂角色     │
│    量清空      │ │ 果角色隐藏     │   │   坐标初始化    │
│               │ │ 结果角色定位 0,0│   │   显示角色     │
└──────────────┘ └──────────────┘   └──────────────┘

                    ┌──────────┐
                    │ 绿旗开始  │
                    └──────────┘
   ┌───────────┬────────────┬──────────────┐
   ▼           ▼            ▼              ▼
┌──────┐ ┌──────────┐ ┌──────────┐ ┌──────────┐
│ 猴子  │ │ 猴子隐藏定位│ │  香蕉隐藏  │ │ 计时器归零 │
│ 切换造型│ │ 至顶端     │ │ 定位至顶端 │ │           │
└──────┘ └──────────┘ └──────────┘ └──────────┘
              ▼            ▼              ▼
         ┌────────┐   ┌────────┐   ◇如果
         │ 角色显示 │   │ 角色显示 │   时间>60秒  否
         │ 匀速下落 │   │ 匀速下落 │   ◇
         └────────┘   └────────┘      │是
              ▼            ▼           ▼
         ◇如果碰到      ◇如果碰到    ┌────────┐
         底部棕色  否    角色钵盂  否  │  广播   │
         ◇             ◇            │ 隐藏角色 │
          │是           │是          └────────┘
```

```
                    ┌──────────┐
                    │ 绿旗开始  │
                    └──────────┘
              ┌───────────────┐
              ▼               ▼
       ┌──────────┐     ┌──────────┐
       │  各角色    │     │ 根据变量比较│
       │  停止程序  │     │  结果输出  │
       └──────────┘     └──────────┘
```

下面开始准备素材：

添加背景 blue sky。

添加角色 monkey、bowl、bananas。

新建空白角色，添加造型 monkey-a、monkey-b、bananas，并对造型进行处理。

monkey-a：

从 bananas 中选中一只香蕉并复制。

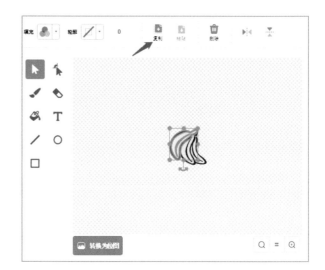

在 monkey-a 中粘贴香蕉。

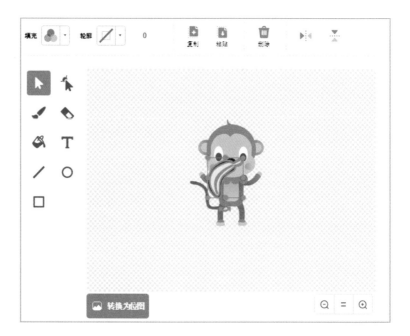

调整素材，形成猴了手握香蕉的视觉效果。

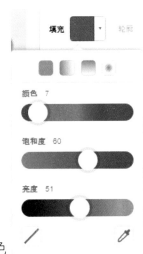

bananas：使用填充工具  调整至适当颜色 ，将香蕉染
色制成变质的视觉效果。

monkey-b：想要把造型中的猴子调整成伤心的样子有两步，将嘴巴调整成哭的样子，并添加眼泪。

嘴巴：使用选择工具  选中头部，再利用 拆散 工具将各部分拆散。一直拆散，直到可以单独选中嘴巴部分。

使用上下翻转工具将嘴巴翻转成不开心的样子。

添加眼泪：使用画圆工具  绘制一个白色（亮度 100，饱和度 0）的无边框椭圆。

使用变形工具 将椭圆形上的顶点拉长 ，再拖动顶点切线调整顶点轮

廓倾斜角度，使顶端变尖成为泪滴形状， 复制泪滴并粘贴放置在对称的另一

侧脸颊上。

素材都准备好了，开始按照设计好的流程编写程序吧！

17.1 游戏内容初始化

钵盂：显隐状态及坐标位置。

结果表达角色：显隐状态及坐标位置。

猴子：变量数据归零、擦除全部图章，隐藏准备。

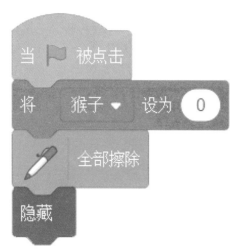

香蕉：变量数据归零，隐藏准备。

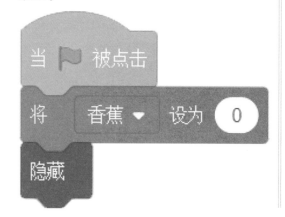

17.2　游戏运行及操控

　　猴子的造型切换：使猴子在下落的过程中挥动双手。

　　猴子下落：猴子不断地下落是一个持续的过程，角色在上方随机位置出现，然后直线向下运动，缓慢且有时间间隔地利用 y 坐标的变化向下滑动，猴子无论如何移动，只有到与底部棕色地面接触，才是一次完整的落地。

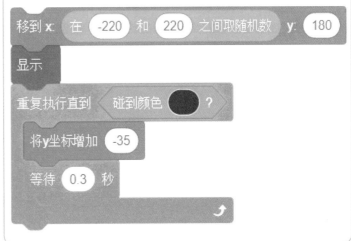

　　落地结果：猴子一旦落地就计数并站定，计数通过变量运算完成 +1，站定利用学习过的图章在舞台上留下角色影响。

　　两件事都完成之后，要记得角色需要隐藏，回到顶端开启下一只小猴子的运动。故而将猴子的下落和下落完成连接好，再配以重复执行实现猴子源源不断地下落，以此达到游戏的持续运行。

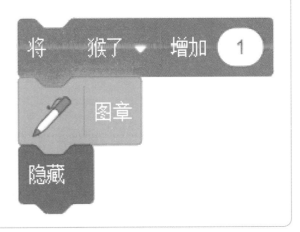

游戏操控：玩家通过点击下落的角色实现数量上的调控，而猴子的计数是按照猴子落地的数量统计的，所以点击的过程中将猴子送回顶端，使其重新从顶端出发继续下落动作即可。

钵盂：钵盂在游戏操控体验上没有什么作用，但是作为一个游戏设施，其担任起了计时员的作用。

那么在 Scratch 中我们是如何控制时间的呢？侦测中有两个积木给了我们答案：

计时器 "计时器"作为椭圆形积木，其本身是一个数据，且是会变动的数据，从 0 开始计时自动累加，精确到毫秒。

计时器归零 "计时器归零"是除了点击绿旗以外的重置时间方法，大家可以在自己需要时使用它做到从 0 开始。

当按下空格游戏开始后，我们需要从 0 计时，直到 60 秒后游戏时间到，从而进入游戏结算界面。同样的钵盂也控制自己在结算界面的状态，直接隐藏。

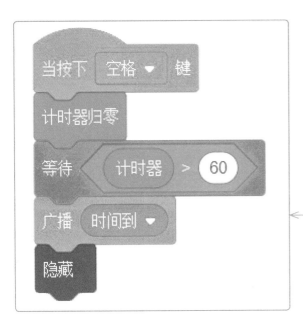

在这里大家可以动手试试，给界面不一样的背景？

掉落与计数：香蕉从上方中间区域出现下落至钵盂之中，除了下落终点的条件不同，还需要注意的是出现位置的横坐标范围，需要大家估算或者拖动角色位置进行准确测量。而香蕉作为要与钵盂发生接触的角色，不可以掉落在左右两侧，也不可以掉落至背后，所以需要调整角色的图层。

游戏操控：

17.3 游戏结果

在钵盂（计时员）的工作之下，有了"广播时间到"所有的角色都可以接收到这个消息，但需要做出反馈的只有结果输出角色。

其他在游戏操控环节起作用的角色就可以停止运行自己的程序，然后躲起来了。不管是躲起来还是擦干净舞台，都是很容易的，那么如何在接收到消息之后，让不断下落的"重复执行"停下来呢？"停止全部"是大家已经很熟悉的积木，在它的

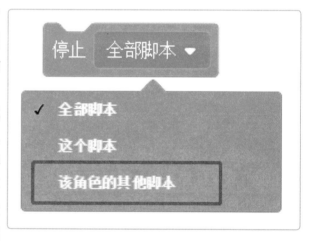

下拉菜单中，可以找到今天所需要使用的特殊停止积木"停止该角色的其他脚本"。

游戏的结果是通过猴子数量与香蕉数量的比较得出的，在数学上比较大小所用的符号在编程中也是有的，比较运算符是一种对运算结果的判断，可以在运算中找到这样的一组六边形积木。

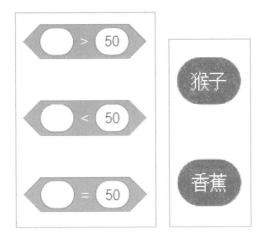

通过与椭圆形的变量积木
相结合，得到三种不同的结果，
从而对应输出。

第18章 鸡兔同笼

学习目标

积木：

运算——四则运算

运算——连接

运算——取余

任务：进一步熟悉编程运算符和数据处理，学会利用编程解决数学问题，例如鸡兔同笼。

鸡兔同笼是中国古代的数学名题之一。大约在1500年前，《孙子算经》中就记载了这个有趣的问题。书中是这样叙述的：今有雉兔同笼，上有三十五头，下有九十四足，问雉兔各几何？

尝试用编程来完成这道题吧！粗略地说一道数学题只需要一个角色说明情况就够了，但我们还是可以选择一个背景多个角色来丰富界面。

根据我们构想的场景来设计一下程序流程吧！

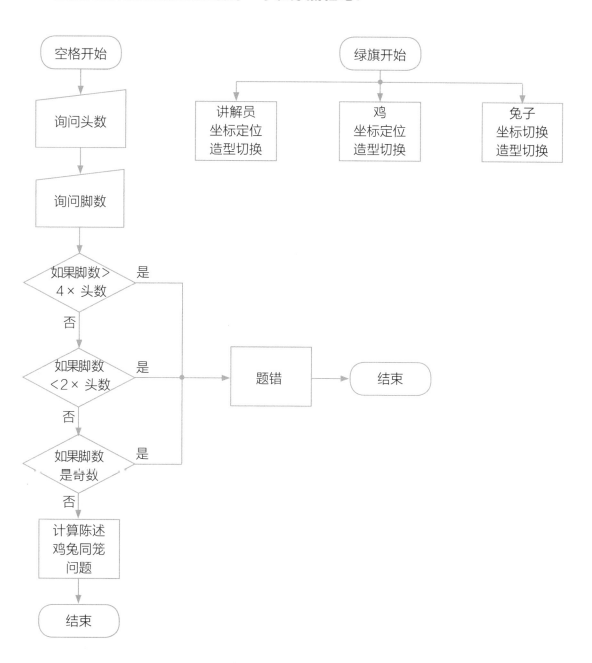

下面让我们开始准备素材：

　　添加背景 Chalkboard 并稍做处理：使用文本工具在背景中的黑板上书写题目"今有雉兔同笼，上有三十五头，下有九十四足，问雉兔各几何？"，再找适当位置书写标题。

添加角色：hen、rabbit，再挑选一个自己喜欢的任务角色，比如 Nano。
素材都准备好了，开始按照设计好的流程编写程序吧！

18.1 场景布置

本次作品的 hen 和 rabbit 是单纯的场景布置类角色，所以只需要将它们放置在想要的位置实现所需的造型切换即可。

hen 角色正方向为右，将其放置在黑板左侧，逐个切换造型。

rabbit 角色正方向同样为右，放置在黑板右侧面向黑板切换造型，则需要调整方向。

nano 作为数学课的讲解人，站在地板上说话即可。

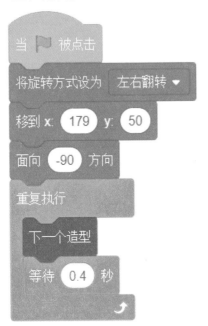

18.2 程序运行

审题填入：我们说过询问所得到的回答是固定的，只能应用或者覆盖而不能再次操作，所以需要建立好对应的变量存储，询问得到的数值，以供使用。

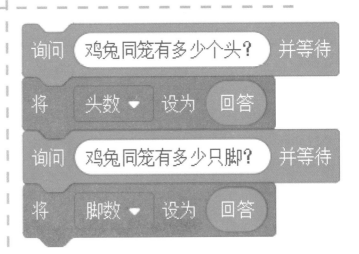

核对数据：这次的作品主要就是利用编程写出假设法，用以解决类似的数学问题。在数值方面编程是没有正误的，但对于数学题而言是有范围的，所以需要利用比较运算符限定、检查输入的数值是否可用。

在这里检测所用的条件需要经过计算，这些运算符可以在运算类积木中找到，其中包括了常见的加减乘除四则运算，还有稍微复杂一些的两数相除取余数。

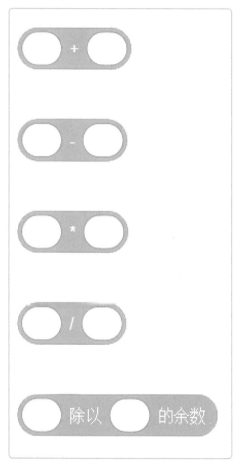

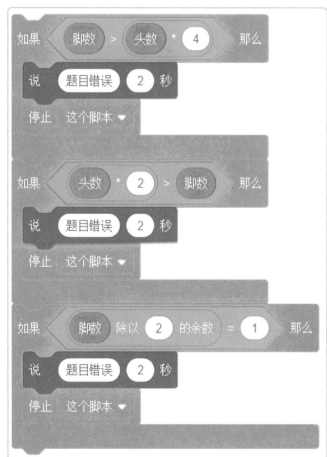

> 计算讲解：按照假设法的逻辑求解出鸡兔各有多少，而在表达的过程中，一句话是由固定的文字和计算结果的数字穿插组合的，如何把毫不相干的东西拼接起来呢？需要用到积木"连接"，这个椭圆形的数据积木可以将其他的数据组合起来拼接成新的更长、更完整的内容。

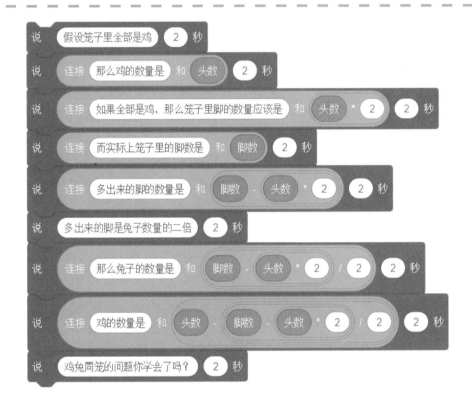

18.3　游戏结束

所有内容表达完毕后，三个角色的造型切换还在重复执行，所以需要有统一的命令终止全部脚本。

第19章 传送球

学习目标

积木：

事件——广播并等待

任务：本章作为阶段复习课，没有多少新的积木要学，主要给同学们练习一下"作品"概念，尝试完成一个有介绍、有结果、包括素材在内全都是自行设计的完整小游戏。

◉ 今天我们要完成传送小球的任务。

小球从屏幕的最左侧出现，不断向右滑行，在途中我们可以通过点击小球改变它的颜色。放入球框后，颜色相同的小球会加分，当小球的颜色与球框不同时会扣分。

设计完成游戏，看看能够得到多少分吧！

◉ 先来设计一下场景，游戏环节需要三个球、三个球框，考虑到所学的知识，可以有两种方案：

(1) 球与球框使用角色碰撞判定，所以至少需要六个角色；

(2) 球与球框使用颜色碰撞判定，那么球框可以考虑放入背景中，需要三个角色足矣。

根据我们构想的场景来设计一下程序流程吧!

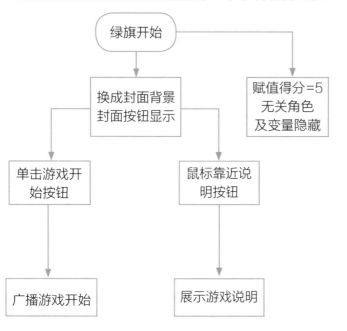

我们选择看起来更简洁的第二种方案,第一种方案大家也可以自己动手尝试一下。

本章需要大家理解"作品"的完整性,不管是给自己还是其他人体验游戏,都要有一个操作方式的讲解过程,而作为完整的作品,这一部分讲解是应该有很好的呈现,所以合格的游戏作品需要有游戏的开始界面、操作说明、游戏场景及结果界面。

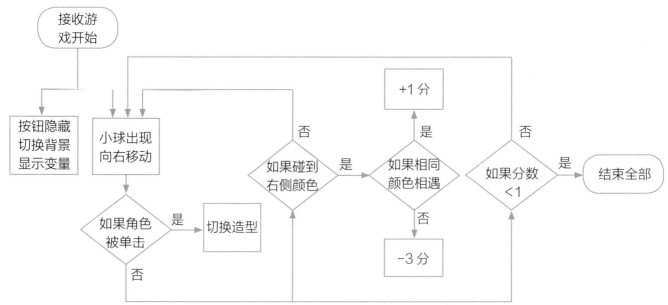

下面让我们开始准备素材：

添加背景 light、rays，使用文本工具添加义字，完成游戏的封面、封底。

绘制空白背景为右侧三色球框。使用矩形工具调整并填充颜色无边框。

添加角色 ball，并动手修改。只留下三个造型，删除多余的造型，并对剩下的三个分别染色。均匀填充三种不同的颜色。

造型处理完成后，复制角色，使其出现三个 ball 角色。

添加角色 button 完成两个角色: 开始游戏和游戏说明。

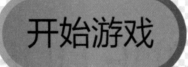
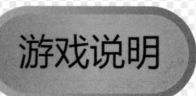

素材都准备好了, 开始按照设计好的流程编写程序吧!

19.1 游戏开始界面

作品整体分为三个部分, 而第一部分封面有自己独立的背景。在游戏开始的第一时间就要把背景准确地换成目标背景。同时作为一个有得分制的游戏作品, 就一定要初始化游戏的得分。

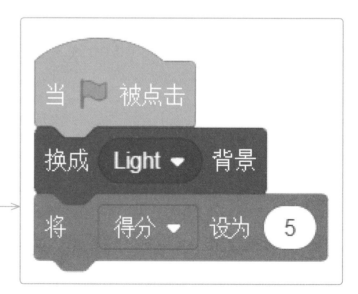

我们所设计的封面上有两个很重要的角色，一个就是控制游戏何时开始的按钮，这个按钮要把自己精准定位并显示，同时作为场景切换的开关还要负责变量"得分"的隐藏和显示。当按钮被单击后，游戏开始，就需要角色给出游戏开始的新号，也就是广播，与此同时不再需要按钮，为了让它不干扰游戏运行，直接隐藏即可。

封面上第二个重要角色便是游戏说明按钮，作为一个对此游戏完全陌生的玩家，如何得知游戏的目的、规则和玩法呢？这时游戏说明的作用也就体现了出来。将定位显示好后，以是否"碰到鼠标指针"为条件判断显示相应的介绍内容。

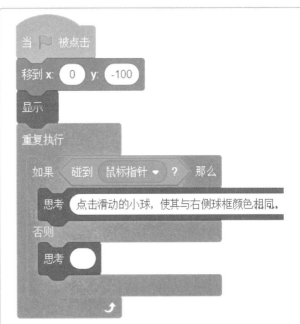

而那三个小球，作为与封面无关的角色，直接隐藏即可。

19.2 游戏运行过程中

游戏开始后进入游戏界面，背景切换成功的同时，"游戏说明"按钮也需要隐藏起来，不干扰正常游戏。

角色 ball 定位至左侧后，水平向右移动，碰到彩色球框后，停止运动判断结果，判断完毕后隐藏，重新开始下一次运动。球与球框两种颜色判定结果决定得 1 分或失 3 分。

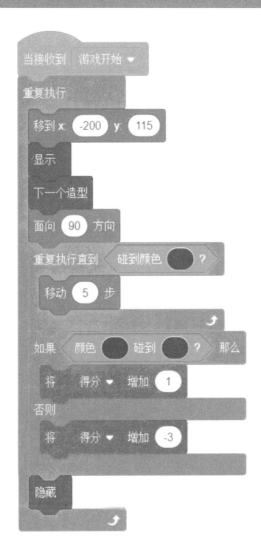

球在移动过程中，颜色如果不一致，需要玩家手动调节，最简单的方式就是使用鼠标点击，通过鼠标点击切换造型，实现颜色的改变。

游戏开始后需要启动判定，当得分为 0 或更少时，判定游戏失败。

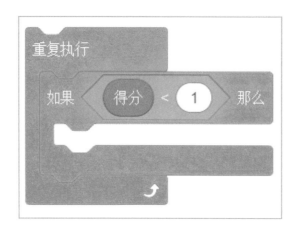

19.3　游戏结束

通过得分判断游戏失败后，切换为游戏结束的背景，与此同时，尚在显示运动中的球需要隐藏起来，这里需要用到一个不太熟悉的积木"广播并等待"，此处的等待与询问中的一样，如果内容没有执行完毕，就不会向后进行，所以配合 广播 消息1 ▼ 并等待 可以实现接收广播所要完成的内容全部执行完毕，再向后运行停止全部脚本。

而接收游戏结束命令的只有三个不断移动的 ball 角色，接收广播直接隐藏即可。

当接收到 游戏结束 ▼

隐藏

相对很完整的游戏作品就基本完成了，大家可以根据自己的喜好修改内容，再将得意之作分享给朋友吧。